JN115291

〈実践〉

食品工場の品質管理

■改訂■

編集
矢野俊博

幸書房

発刊にあたって

「実践‼食品工場の品質管理」の初版を出版して以来、13年が経過した。この間、世の中を震撼させるような大規模食中毒の発生はなかったものの、表示ミス等による回収事例は後を絶たない状態が続いている。一方、法律面では種々の改正がなされている。安心を提供する「食品表示」においては、アレルギー表示および表示レイアウトの改善、栄養成分表示および加工食品の原料原産地の表示の義務化など行われた。安全面では2018年に食品衛生の改正が行われた。改正内容は大きく分けて7項目に及ぶ。中でも注目すべきはHACCPの制度化と営業許可制度の見直し・届出制度の創設であろう。HACCPの制度化は、食品製造業のみではなく、食品保管業や食品運送業も対象になるが、企業規模に応じて「HACCPに基づく衛生管理」と「HACCPの考え方を取り入れた衛生管理」（製造従事者50名以下の企業）に分類され、2021年6月中に実施が必要とされている。しかし、現実的には、現行の営業許可の取り直しの際に食品衛生監視員による検証がなされることになると思われる。

一方、国際的には2020年9月にCodex委員会が「食品衛生の一般原則」（CAC/RCP1-1969）の見直しをおこなった。HACCPの7原則12手順に大きな変更はないが、危害分析の重要性（重要な危害要因の特定）が強調された。また、原則3は「妥当性の確認された管理基準の設定」、原則6は「HACCPプランの妥当性確認、およびHACCPシステムが意図したとおりに機能していることを確認するための検証手順の確立」に変更され、妥当性確認および検証手順の重要性が謳われている。また、「食品安全文化」の概念（確立）が導入されている。

上記のような背景の基に改訂版を発行するのに至ったが、多くの部分は、日頃から食品企業の点検業務に携わって専門家に執筆をお願いした。本書は大学で食品について学んでいる学生を対象に作成したものであるが、企業で食品管理・品質保証に携わっている方々にも活用していただけるものである。初心者にわかりやすく解説することを心掛けたが、専門的な部分が含まれていることも否めない。

本書が、わが国における食品の品質確保の一助になれば幸いである。

2021年6月

矢野俊博

ま　え　が　き

近年、食品業界では黄色ブドウ球菌のエンテロトキシンによる食中毒事件、牛挽肉への異種原料使用、期限表示・原料表示などの改竄、農薬の混入など、マスコミを賑わす事件が連続して発生し、世間を騒がせるとともに、食品に対する消費者の信頼を失墜させた。

また、ノロウイルス食中毒や、食品の回収事例が多く発生している。ノロウイルスによる食中毒の原因としては、食品の衛生的な取り扱いが十分に行われなかったことが、また食品回収事例の原因としては、期限表示やアレルギー表示の表示漏れ・誤記、異物混入、殺菌不足によるカビの発生や腐敗などが挙げられる。

食品を取り扱う現場では、上述の食中毒発生、異物混入などを防止することは品質管理項目として重要な課題である。そのためのシステムとして HACCP、ISO9000、ISO22000 などが推奨され，多くの事業所で取り組まれている。しかし、これらのシステムを運用するのは「人」であることから､品質管理マネジメントのできる人材養成が熱望されている。

品質管理の対象は、製造環境、商品開発、製造工程、表示など非常に幅広いものであるが、これら全てを管理しなければ品質は担保されず、向上もありえない。それゆえ、食品の品質管理の重要性は高まる一方で、低くなることはありえない。

本書は、以上の観点に立ち、多くの部分は日頃から食品企業の点検業務に携わっておられる専門家に執筆をお願いした。また、本書は、大学で食品について学んでいる学生の教科書として作成したものであるが、企業で品質管理に携わられる方々にも十分活用していただけるものである。初心者にわかりやすく解説することを心掛けたが、専門的な部分が含まれていることも否めない。

本書が、わが国における食品の品質確保の一助になることを願っている。

2008 年 6 月

矢野俊博

■ 執筆者一覧（執筆順）

矢野　俊博　石川県立大学　名誉教授

新蔵登喜男　（有）食品環境研究センター　取締役

多賀　夏代　（株）高澤品質管理研究所　コンサルタント室　コンサルタント

高澤　秀行　（株）高澤品質管理研究所　代表取締役社長

今城　敏　食品安全技術センター　代表

松田　友義　千葉大学大学院　園芸学研究科　教授（故人、執筆時の所属）

角　弓子　（株）高澤品質管理研究所　副所長 兼 コンサルタント室 室長

柿谷　康仁　消費者庁 消費者安全課　課長補佐（食品安全担当）

目　　次

第1章　食品の品質管理の仕事とは
…HACCPの制度化の時代を迎えて

は じ め に

食生活における生鮮食品や加工食品をはじめとした食品群は、いまや消費者の生活になくてはならないものとなっている。各家庭の台所の役割は、その多くの部分を食品産業や外食産業に譲り、これらの食品関連産業は共働きや単身者、高齢者世帯の支えになっている。また、一歩外にでれば、コンビニエンスストアが24時間「いつでも、どこでも」、様々な食品を提供している。

こうした状況は改めて云うまでもないが、食品を作る側が食べる側の要求を満足させるように配慮している。その結果、食べる側にとっては利便性を享受できている反面、「果たして安全なのだろうか」といった一抹の不安を抱く要因となっている。この不安は、食品事故や食中毒、食品回収、表示偽装などの問題が起こるたびに、食品企業・業界に打撃を与えることになる。「食品の品質管理者」の仕事は何かといえば、こうした食べる側の不安に対して堂々と胸を張って「どうぞお召し上がりください」という食品を提供することにある。つまり、食品の持つ価値を、その価値通りに作り、消費者に届ける仕事である。

食品には、様々な消費者の要求や願望を満たす品質が商品設計の段階で盛り込まれている。例えば、「美味しい」、「見た目が美しい」、「栄養的に優れている」、「調理がしやすい」、「食べやすい」、「持ち運びに丁度よい重さである」、「手頃な価格だ」、「虚偽がない」などである。そしてこれらのすべてに優先される事項として「安全である」ことが保証されていなければならない。この安全を土台にした高い品質を維持することが、品質管理者の仕事である。この安全性を確かなものにするためや、食品安全のグローバル化に対応するために、2018年6月に食品衛生法が改正され、HACCPの制度化（義務化ではないが、食品を製造する場合、HACCPに従うか、その考え方を取り入れることが必要）等が設けられた。この詳細につては後述する（1.10）。

本章では、この品質管理の仕事にどのように取り掛かるかについてのアウトラインを示すこととし、詳細は各章に譲る。

1.1　品質とは何か

品質とは、国際的な品質マネジメントシステム ISO9000:2015（JIS Q 9000:2015）において、「本来備わっている特性の集まりが、要求事項を満たす程度」とされている。さらに①用語「品質」は、悪い、良い、優れたなどの形容詞とともに使われることがあり、②「本来備わっている」とは「付与された」とは異なり、そのものが存在している限り持っている特性を意味する、とされている。また、特性（**表 1-1**）、要求事項（**表 1-2**）についても解説されている[1)]。

この定義を食品に当てはめると、消費者や企業などの要求事項、すなわち「美味しい」、「香りが良い」、「安全である」（表 1-1 の「人間工学的な安全性」とは異なる）、「安心できる」などを満たしていることが品質に要求されていることになり、先に示した食品の安全性も含めた食品の性質、性状が品質となる。したがって、「品質」は消費者などが望ましいと考える要求のすべてが対象となる。

表 1-1　特　　性

特性：そのものを識別するための性質
注記 1；特性は、本来備わったものまたは付与されたもののいずれでもあり得る
注記 2；特性は、定性的または定量的のいずれでもあり得る
注記 3；特性には、次に示すような様々な種類がある 物質的一例：機械的、電気的、化学的、生物学的 感覚的一例：嗅覚、触覚、味覚、視覚、聴覚 行動的一例：礼儀正しさ、正直、誠実 時間的一例：時間の正確さ、信頼性、アベイラビリティ 人間工学的一例：生理学上の特性、または人間の安全に関するもの 機械的一例：飛行機の最高速度

表 1-2　要求事項

要求事項：明示されている、通常、暗黙のうちに了解されているまたは義務として要求されている、ニーズまたは期待
注記 1；「通常、暗黙のうちに了解されている」とは、対象となる期待が暗黙のうちに了解されていることが、組織、その顧客およびその他の利害関係者にとって慣習または慣行であることを意味する
注記 2；規定要求事項とは、例えば文書で明示されている要求事項である
注記 3；特定の種類の要求事項であることを示すために、修飾語を用いることがある。例：製品要求事項、品質マネジメント要求事項、顧客要求事項
注記 4；要求事項は、異なる利害関係者から出されることがある
注記 5；（省略）
注記 6；（省略）

1.2　品質管理とは何か

品質管理とは、「品質要求事項を満たすことに焦点を合わせた品質マネジメント」の一部である。また、品質マネジメントとは、「品質に関して組織を指揮し、管理するために調整された活動」であり、品質に関する指揮および管理には、通常、品質方針および品質目標の設定、品質計画、品質管理、品質保証および品質改善が含まれる、とされ[1]、その対象は非常に幅広いものである。そのなかには、リスクマネジメント、工場点検、商品検査、商品仕様書、クレーム（申し出）対策などがある。

1.3　リスクマネジメント

リスクマネジメントの対象には、フードテロ対策と偽装対策がある。フードテロが問題になることはないが、従業員の不満による異物混入や農薬混入事件（アグリフーズ事件[3]）が過去に起こっている。多くの場合、工場内に監視カメラを導入するなどの対策が採られているが、品質管理者としてはクレームの発生状況、すなわち、同じようなクレームが連続して起こる、などに注意をして管理すべきである。

一方、偽装は会社全体によって行われる場合（ミートホープ事件等）が多く、その対策としては品質管理者が毅然とした態度で対応する必要がある。

1.4　工場点検における品質管理

ここでは食品の製造工程を対象に品質管理の仕事について示す。その内容は製造現場における従事者などによる点検も含まれるが、最終的には品質管理者による検証が（例えば、冷蔵庫の温度管理状況、食品添加物の使用量、加熱時間と温度など）必要となる。ここでは、一般的な事例にとどめるが、自主基準のある項目に対しては、その数値などが厳守されていることの点検・検査や、製造記録などの検証も仕事となる。

食品の製造工程は、おおよそ**図 1-1** のようになる。

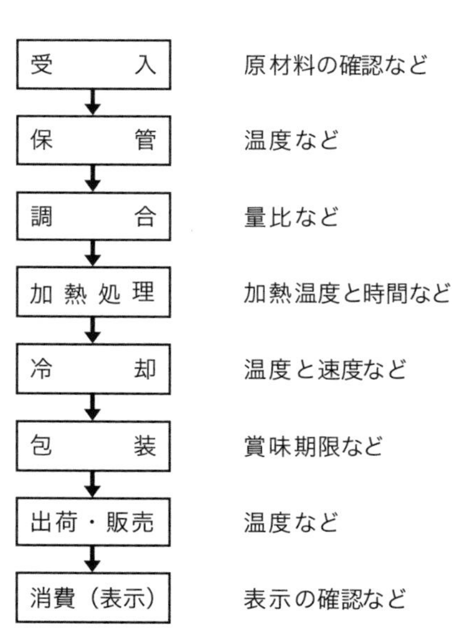

図 1-1　食品の製造工程

1.4.1　原料の受け入れ

原料受け入れ時には、品質管理として種々の点検・検査などが必要になる。現場での点検や検査が困難な事項については、仕様書に頼らざるをえないが、必要に応じて検査機関による検査を依頼することになる。例えば、生ものならば鮮度や品温管理、目視や機器による点検・検査に加え、自社で検査ができない原料原産地、遺伝子組換え食品、残留農薬、動物用医薬品などの使用状況等は仕様書による点検が主となる。加工食品が原材料である場合には、上記の項目以外にもアレルギー原因物質（特定原材料とこれに準ずるもの）の有無なども仕様書による点検が必要になる。また、生乳を使用する場合には、受け入れ時の特定抗生物質の検査や、細胞数検査は法的に義務づけされている。

1.4.2　保　管

保管では品温管理が重要になる。例えば、原料が冷凍品ならば－15℃以下、冷蔵品ならば5℃以下（あるいは10℃以下）、粉体など耐湿性のないものについては密封容器で保管されていることなどを点検する必要がある。

1.4.3　調　合

この工程では食品添加物の使用量（一部の食品添加物は食品衛生法により、使用品目と使用基準が設定されている：ポジティブリスト制）や、液体調味料の糖度計、塩分計、Brix計などによる検査があげられる。

1.4.4　加熱処理

加熱工程は微生物の殺菌と製造・加工（調理）を兼ねた工程であり、温度と加熱時間が重要な管理項目になる。また、温度計やタイマーの補正等も重要な仕事である。

1.4.5　冷　却

保管の場合と同じであるが、微生物が増殖する温度帯（20～45℃）を速やかに通過して冷却されていることを点検、検証しなければならない。

1.4.6　包　装

包装工程では、賞味（消費）期限表示や内容量（計量法に抵触する可能性）、金属探知器やX線異物検出器の作動状況などの点検、検証が主たる仕事になる。食品の回収事例を見ると、期限表示の誤りや異物混入などが原因となることが多く、この工程での点検、検証は品質管理にとって重要となる。

1.4.7　出荷・販売

出荷・販売段階では、基準通りに流通販売されているか否かを点検、検証を行う。例えば、冷凍品・冷蔵品がその温度帯を保持しているか、直射日光が当たっていないか、などである。

1.4.8　消費（表示）

直接消費とは関係ないが、消費者に安全・安心を与える表示事項の点検、検証が必要になる。表示の誤りは製品の回収につながる。特に、安全・安心に関する表示項目（遺伝子組換え植物の使用やアレルギー原因物質の有無）などは、原材料の仕様書と見比べる点検、検証は重要である。

1.5　商品仕様書の管理

仕様書には、原材料の仕様書と製品の仕様書がある。前者は加工食品の場合、商品名、JANコード、原材料名、賞味期限、保存方法、アレルギー物質、商品画像等、品質管理や表示に関する情報が記載されているので、表示の作成等に応用できる。後者は前者を参考に作成されたものである。原材料が変更された場合には、間違いなく後者にその情報が反映されていなければならない。

1.6　クレーム・申し出の管理

製造現場において十分に注意して食品を製造しても、クレーム（申し出を含む）は発生するものである。食品のクレームは、微生物による腐敗と異物混入がほとんどである。このクレームを追究し、原因確認とその原因を排除することも、品質管理の重要な仕事になる。微生物に関しては簡単な同定（芽胞形成菌、耐糖性、耐塩性など）を行うと同時に、その原因が原料由来（一次汚染）か、製造現場由来（二次汚染）かを確認し、その対策を講じることになる。

異物混入で、生物による場合は混入時の判断、すなわち加熱工程の前・後を判断する必要がある。方法としては、カタラーゼ試験が有効で、異物を過酸化水素と反応（浸漬）させ、泡がたてば加熱後混入と判断できる。また、他の異物については異物を同定し、その異物が工場内に存在する物質であるか否かを調査し、工場内にあるものであれば、原因を探求し、再発防止策を講じなければならない。さらには、報告書を作成し、クレーム申請者に速やかに報告することが重要である。また、拡散性についても検討し、最悪の場合には回収を視野に入れる必要がある。

1.7　開発時における品質管理

新規食品の開発時には、種々の原材料、食品添加物が使用されるが、これらには先に示したように、表示違反の原因となるものがあるので、開発部門と綿密な打ち合わせが必要となる。また、食品などに関するあらゆる法律に精通して対応するように心がけなければならない。特に、「製造物責任法」に関して十分に検討し、火傷やケガに対する表示を忘れてはならない。また、「食品衛生法」や自主基準に合致するように、微生物制御（殺菌、除菌、静菌）や製造・加工（調理）が十分に行えるように条件設定や検証を行わなければならない。

1.8 消費（賞味）期限の設定

消費（賞味）期限の設定に関しては、製造業者が科学的・合理的根拠をもって適正に設定しなければならない[2]。そのためには個々の食品の特性を十分に把握したうえで、食品の安全性や品質を的確に評価するための客観的な項目に基づき期限設定を行う。客観的項目とは、理化学試験（粘度、濁度、比重、過酸化物価、酸価、pH、酸度、糖度、栄養成分など）、微生物試験（一般細菌数、大腸菌群数、大腸菌数、低温細菌や芽胞形成菌の有無など）、官能検査（味覚、嗅覚など）において数値化できる項目である。これらの数値、すなわち微生物基準や過酸化物価・酸価（即席めんや油を使用した食品）については食品衛生法で成分規格が定められているので参考になる。また、食品の特性に応じて、設定された期限に対して1未満の係数（安全係数：通常0.7～0.8を採用）を乗じて、客観的な項目において得られた期限よりも短い期間を設定することが基本である。

1年以上にわたり品質が保持できる食品に関しては、保持試験を行うことは現実的でないことから、合理的な根拠をもっての期限の設定が可能である。また、特性が類似している食品に関しても、類似食品の試験・検査結果などを参考に、期限設定が可能である。冷蔵販売の食品については温度を上げて行う加速度試験も有効な方法である。

期限設定根拠資料などは整備・保管し、消費者などから請求があった場合には情報提供に努めるべきである。

1.9 製造環境の点検・検査

安全な商品を製造するためのシステムであるHACCP（Hazard Analysis Critical Control Point）が食品衛生法改正にともない制度化されることになったが、このシステムを構築するための前提条件として一般的衛生管理プログラム（PRP：Prerequisite Program：**表1–3**）が設けられ、衛生管理項目が掲げられている。制度化における一般衛生管理項目では表1–3以外にも「計画と実施状況の記録の作成・保存（管理運営基準で従来から求められている内容）と記載されている。一般的に「管理運営基準」（食品等事業者が実施すべき管理運営基準に関する指針）」は軽視されがちで、品質管理に従事している品質管理者も読んでいない場合が多いが、是非一読し厳守すべき内容を把握する必要がある（都道府県においても管理運営基準が策定されている）。

食品事故の多くは、HACCPのCCP（重要管理点）におけるミスによって起こるのではなく、PRPの管理が不十分であった場合に起こっている。このことからPRPに対する配慮のみではなく、設備などの点検、検査も重要な仕事となる。これらの管理が不十分である場合には、微生物による腐敗や異物混入の危険性が増大する。

表1-3　Codexと制度化の一般的衛生管理プログラム

Codex委員会	制度化	備考（制度化）
原材料の生産	一般事項	施設の日常点検および衛生管理（清掃、消毒等）について手順書を定める
施設の設計と設備	設備の衛生管理	機械・器具の分解・洗浄・消毒の実施（業務終了後、毎日）
食品の取り扱い		温度計、圧力計、流量計等の計器類の定期点検の実施（毎月）
施設の保守と衛生管理	使用水の管理	地下水の水質検査の実施（年1回）
人の衛生管理	従業員の衛生管理	健康状態の申告（毎日）、検便（毎月）
食品の搬送	手洗い	始業前・トイレ使用後の手洗い手順を定める
製品の情報と消費者の意識	鼠族・昆虫対策	駆除作業の外注（年2回）
食品取扱者の教育・訓練	廃棄物・排水の処理	廃棄物の保管および廃棄の方法を定める
	従業員の衛生訓練	従業員への衛生教育の実施（年1回）

1.10　従業員の教育・訓練

前述したPRPにも示されているが、従業員の衛生教育や訓練の指導も品質管理の仕事になる。特に製造設備や手指の洗浄・殺菌の教育・訓練は、食品事故を防ぐためにも重要である。教育・訓練にあたっては、その理由、方法、使用薬剤、使用道具、時期（頻度）など、詳細に説明する必要がある。また、品質管理に関しては種々のシステム（HACCP、ISO9000、ISO22000、FSSC22000など）があり、企業が取り組んでいるこれらのシステムの考え方や従業員として行うべき仕事の説明なども欠かせない。

また、日ごろから5S活動を行うことも大切である。

1.11　そ　の　他

その他、以下の仕事も品質管理者の仕事になる。

① HACCPの考えでは、マニュアル化することが要件になっていることから標準作業手順書（Standard Operation Procedure : SOP）や衛生標準作業手順書（Sanitation Standard Operation Procedure : SSOP）などをマニュアル化すること。

② 原料原産地表示の義務化にともない原材料のトレーサビリティを行い、原産地を明確化すること。

③ 誤りのない表示を作成すること。

1.12　食品衛生法等の改正の概要[5)]

2018年6月に食品衛生法等の一部が改正され、その内容は以下の通りである。そこには食品の安全性確保に関する7要件が示されている。

■ 1.　広域的な食中毒事案への対応強化

「国や都道府県等が、広域的な食中毒事案の発生や拡大防止等のため、相互に連携や協力を行うこととするとともに、厚生労働大臣が、関係者で構成する広域連携協議会を設置し、緊急を要する場合には、当該協議会を活用し、対応に努めることとする」としている。これは過去の食中毒事例において、探知や対応に遅れがあったための対応である。また、ここでは、食中毒の原因となる細菌（腸管出血性大腸菌O157等）の遺伝子検査手法の統一化等も含まれている。

■ 2.　HACCPに沿った衛生管理の制度化

「原則として、すべての食品等事業者に、一般衛生管理に加え、HACCPに沿った衛生管理を求める。ただし、規模や業種等を考慮した一定の営業者については、取り扱う食品の特性等に応じた衛生管理とする」としている。これは、CodexのHACCP 7原則12手順に基づき、食品等事業者自らが、使用する原材料や製造方法等に応じて計画を作成し、管理を行う（主に大規模事業者を対象としている）ものと、各業界団体が作成する手引書（HACCPの考え方を取り入れた衛生管理）を参考に、簡略化されたアプローチによる衛生管理を行う方法（主に小規模事業者を対象としている，食品製造従事者50名以下の企業）に分けて、衛生管理を充実させることに主眼が置かれている。

この制度化に伴い各事業者団体がHACCPに関する文書を作成することになっているので、各事業者団体や厚生労働省のホームページ（食品等事業者団体が作成した業種別手引書等）を参考にすると良い。

なお、この制度化では認証の取得は不要とされている。また、食品衛生監視員による指導方法の標準化や、日本発の民間認証団体の規格JFSM（食品安全マネジメント規格）やFSSC22000等の基準と整合化を図ることも盛り込まれている。

■ 3.　特別の注意を必要とする成分等を含む食品による健康被害情報の収集

「特別の注意を必要とする成分等を含む食品による健康被害事案における課題を踏まえ、食品の安全性の確保を図るため、事業者からの健康被害情報の届出の制度化等を行う」としている。すなわち、成分等が均一でなく、科学的根拠のない摂取目安量が設定されていたための健康被害（プエラリア・ミリフィカによる被害）等を防止し、安全性を強化することを目的としている。

■ 4.　国際整合性を持った食品用器具・容器包装の衛生規制の整備

「食品用器具・容器包装について、安全性を評価した物質のみ使用可能とするポジティブリスト制の導入等を行う」としている。すなわち、内分泌かく乱物質等の危険性を排除するために、合成樹脂を対象にその安全性を確保することを目的としている。

■ 5.　営業許可制度を見直し、営業届出制度を創設

「実態に応じた営業許可業種への見直しや、現行の営業許可業種（政令で定める34業種）以外の事業者の届出制の創設を行う」としている。すなわち、食品の安全性を高めるために、スーパーマーケットや食品を販売しているストアに対しての許可制の導入、販売業への届出制の導入や、農家等が加工販売する場合に届出または許可を必要とするように改めた。

■ 6.　食品リコール情報の報告制度の創設

「事業者による食品等のリコール情報を行政が確実に把握し、的確な監視指導や消費者への情報提供につなげ、食品による健康被害の発生を防止するため、事業者がリコールを行う場合に行政への届出を義務付ける」としている。リコール報告の対象は、食品衛生法に違反または違反のおそれがある食品としている。

■ 7.　その他

輸入食品の安全性を確保するために、乳製品・水産食品の衛生説明書の添付等の輸入要件化や、自治体等の食品輸出関連事務に係る規定の創設等が盛り込まれている。

おわりに

前述したように、品質管理の仕事は多種多様である。これらの仕事を実施するためには以下に示すことが重要である。

第1に、製造現場をよく知ることである。いくら教育・訓練を行ったとしても、現場には食品事故の原因となる要因が多数存在している。製造現場を隅々まで観察し、事故要因を見つけ、それらを排除する必要がある。そのためにも現場を知り、適切な方法を採用しなければならない。また、改善を行う際にも、現場を知らなければ不具合が生じる。

第2に、何事にも、何人にも影響を受けずに対応することである。過去には偽装、原材料の不適切使用、賞味期限の書き換えなどの食品事故が起こっている。これらは社長や工場長による儲け主義によるものであるが、品質管理者は企業活動においてコンプライアンスに則り対処しなければならない。そのためには、自分自身や家族が食する食品であることを念頭に置いて対処すべきである。

第3に、情報の収集に努めることである。科学の進歩は目覚ましく品質管理において行う理化学検査や微生物検査の方法も、新しい方法（例えば、迅速法や簡易法）が開発されているので、現場に則した方法を取り入れる必要がある。品質管理システムに関しても同様である。また、食中毒や製品回収などは、同様の食品を製造している企業の情報も役立つものである。

第4に、常に何事においてもPDCAサイクルの考え方を採用し、取り組むべきである。すなわち、Plan（計画：従来の実績や将来予測をもとに業務計画を作成すること）、Do（実行、実施：計画に沿って業務を行うこと）、Check（点検、評価：業務の実行が計画に則しているか否かを確認すること）、Action（改善、処置：実行が計画に則していない部分を調べ改善すること）に沿って継続的に業務（点検、検査、検証など）を改善することである。

参 考 文 献

1) JIS Q9000：2015（ISO9000：2015）
2) 食安基発第02250001号；食品期限表示の設定のためのガイドライン、平成17年2月25日
3) マルハニチロ（株）：アグリフーズ農薬混入事件の記録、2014
4) https://www.mhlw.go.jp/file/06-Seisakujouhou-11130500-Shokuhinannzenbu/0000150003.pdf
5) https://www.mhlw.go.jp/content/11131500/000481107.pdf

（矢野 俊博）

第２章　食品製造の流れと品質管理

2.1　食品製造の準備段階

食品事業者（営業者）は、法令を順守し、安全でおいしい食品を製造し、提供しなければならない。同時に、食品事業者は適正な利益を出し、継続的に会社運営しなければ存続することができない。しかし、利益を出すために食品の偽装や、安全性が担保できない食品の提供で利益を出すことは絶対に許されない。まずは、製造しようとする食品に関係する法令・規則を調べ、それに適合させる必要がある。そして、安全でかつ顧客の求める良い品質のものを継続的に生産するために、ハザード分析などを通じて管理手段を検討し、科学的根拠に基づいた安全の確信が得られたとき、食品の製造を開始するべきである。そのためには、遠回りのようであるが、商品設計の段階からHACCPの手法をとり入れて、ハザード分析を行い、品質管理計画を立てて製造を始めることが、顧客に信頼される食品製造となる。

2.1.1　食品製造の許可制度

食品工場の衛生管理は、平成30年6月公布の食品衛生法で規定された、営業の基準（HACCPと一般衛生管理）と営業の施設基準に従う必要がある。また、許可業種34種が見直されたために、新たな許可が必要となる（令和3年6月1日施行）（**表2-1**）[1] 営業もあるので注意が必要である。さらに、法改正に伴い各都道府県が定める届出業種も見直されるので確認して、必要であれば届出をすることになる。

各都道府県は国が定める食品の規格基準（**表2-2、表2-3**）に上乗せして、さらに厳しい基準を策定している場合もあり、これはその地域における特殊事情により、発生するリスクを防止するのが主な目的である。例えば、水産物の消費が多く気候的にも暖かい地方は、水産物由来の腸炎ビブリオや寄生虫の基準を強化し、施設がその基準を達成することを目的としている。

安全な食品は、原料購入から製造、流通、販売そして消費まで適切に取り扱うことで消費者に提供することができる。改正された食品衛生法は、このことを達成するために、全ての食品等事業者に対して営業の基準と施設基準が適用されることになった。

また、食品衛生法第48条の規定により、製造または加工において特に衛生上の考慮を必要とする食品または添加物が指定されており、専門的な知識をも食品衛生管理者の設置

表 2-1　営業許可業種の見直し（主な変更点）

■ **新設される業種** 漬物製造業、水産製品製造業、液卵製造業、食品の小分け業
■ **統合し、1業種での対象食品に拡大される業種** 飲食店営業（喫茶店営業を含む）、菓子製造業（パン製造業、あん類製造業を含む）、みそ、醤油製造業（みそ加工品、醤油加工品を含む）、食用油脂製造業（マーガリン、ショートニング製造業を含む）、複合型そうざい製造業＊、複合型冷凍食品製造業* （＊ HACCP に基づく衛生管理を前提として、菓子、そうざい、めん類等、多品目に対応可）
■ **再編される業種** 密封包装食品製造業（缶詰、びん詰等の密封包装食品のうち、リスクの高い低酸性食品に限定して許可対象となる）
■ **許可から届出に移行する業種** 乳類販売業、氷雪販売業、冷凍冷蔵倉庫業
■ **一部の業態が許可から届出に移行する業種** 食肉販売業（包装食品のみを販売する場合）、魚介販売業（包装食品のみを販売する場合）、コップ式自動販売機（屋内設備等、一定の要件を満たす場合）
■ **廃止する業種** 乳酸菌飲料製造業（乳処理業、乳製品製造業、清涼飲料水製造業の許可で対応）、ソース類製造業（密封包装食品製造業又は届出の対象）、缶詰又は瓶詰食品製造業

表 2-2　食品衛生法および乳等省令で定めている各種食品の微生物基準

品　名	微生物基準
清涼飲料水*	大腸菌群：陰性（11.1mL 中、LB 培地）
粉末清涼飲料 　乳酸菌を加えないもの 　乳酸菌を加えたもの	 大腸菌群：陰性（1.11 g 中、LB 培地）　細菌数：3,000/ g 以下（標準平板） 大腸菌群：陰性（1.11 g 中、LB 培地）　細菌数（乳酸菌を除く）：3,000/g 以下（標準平板）
氷　雪	大腸菌群（融解水）：陰性（11.111mL 中、LB 培地）　細菌数（融解水）：100/mL 以下（標準平板）
氷　菓	大腸菌群（融解水）：陰性（0.1mL × 2 中、デソキシコレート培地）　細菌数（融解水）：10,000/mL 以下（標準平板）
食鳥卵 　殺菌液卵（鶏卵） 　未殺菌液卵（鶏卵）	 サルモネラ：陰性（25g 中） 細菌数：1,000,000/g 以下
食肉製品 　乾燥食肉製品 　非加熱食肉製品 　特定加熱食肉製品 　加熱食肉製品 　　容器包装に入れた後、殺菌したもの 　　加熱した後、容器包装に入れたもの	 E.coli：陰性（0.1g × 5 中、EC 培地） E.coli 最確数：100/g 以下（EC 培地）　黄色ブドウ球菌：1,000/g 以下（卵黄加マンニット食塩寒天培地）、リステリア　モノサイトゲネス：100g 以下　サルモネラ属菌：陰性（25g 中、EEM ブイヨン増菌法＋ MLCB 又は DHL 培地） E.coli 最確数：100/g 以下（EC 培地）　黄色ブドウ球菌：1,000/g 以下（卵黄加マンニット食塩寒天培地）クロストリジウム属菌 1,000/g 以下（クロストリジウム培地）　サルモネラ属菌：陰性（25g 中、EEM ブイヨン増菌法＋ MLCB 又は DHL 培地） 大腸菌群：陰性 (1g × 3 中、B.G.L.B. 培地)　クロストリジウム属菌 1,000/g 以下（クロストリジウム培地） E.coli：陰性（0.1g × 5 中、EC 培地）　黄色ブドウ球菌：1,000/g 以下（卵黄加マンニット食塩寒天培地）サルモネラ属菌：陰性（25g 中、EEM ブイヨン増菌法＋ MLCB 又は DHL 培地）
鯨肉製品	大腸菌群：陰性 (1g × 3 中、B.G.L.B. 培地)
魚肉ねり製品	大腸菌群：陰性（魚肉すり身を除く）(1g × 3 中、B.G.L.B. 培地)

（表 2-2 つづき）

ゆでだこ 　冷凍ゆでだこ	腸炎ビブリオ：陰性（TCBS 寒天培地） 細菌数：100,000/g 以下（標準寒天）　大腸菌群：陰性（0.01g × 2 中、デソキシコレート培地） 腸炎ビブリオ：陰性（TCBS 寒天培地）
ゆでがに 　凍結していないもの 　冷凍ゆでがに	飲食に供する際に加熱を要しないものに限る 腸炎ビブリオ：陰性（TCBS 寒天培地） 細菌数：100,000/ g 以下（標準寒天）　大腸菌群：陰性（0.01g × 2 中、デソキシコレート培地） 腸炎ビブリオ：陰性（TCBS 寒天培地）
生食用鮮魚介類	腸炎ビブリオ最確数：100/g 以下（アルカリペプトン水、TCBS 寒天培地）
生食用かき 　むき身のもの	細菌数：50,000/g 以下　E.coli 最確数：230/100g 以下（EC 培地） 腸炎ビブリオ最確数：100/g 以下（アルカリペプトン水、TCBS 寒天培地）
冷凍食品 　無加熱摂取冷凍食品 　加熱後摂取冷凍食品 　（凍結直前加熱） 　加熱後摂取冷凍食品 　（凍結直前加熱以外） 　生食用冷凍鮮魚介類	 細菌数：100,000/g 以下（標準寒天）　大腸菌群：陰性（0.01g × 2 中、デソキシコレート培地） 細菌数：100,000/g 以下（標準寒天）　大腸菌群：陰性（0.01g × 2 中、デソキシコレート培地） 細菌数：3,000,000/g 以下（標準寒天）　E.coli：陰性（0.01g × 3 中、EC 培地） 細菌数：100,000/g 以下（標準寒天）　大腸菌群：陰性（0.01g × 2 中、デソキシコレート培地） 腸炎ビブリオ最確数：100/g 以下（アルカリペプトン水、TCBS 寒天培地）
容器包装詰加圧 加熱殺菌食品	当該容器包装詰加圧加熱殺菌食品中で発育しうる微生物：陰性 (1) 恒温試験：容器包装を 35.0℃で 14 日保持し、膨張又は漏れを認めない (2) 細菌試験：陰性（1mL × 5 中、TGC 培地、恒温試験済みのものを検体とする）
アイスクリーム類 　アイスクリーム 　アイスミルク 　ラクトアイス	 細菌数：100,000/g 以下（標準平板）　大腸菌群：陰性（0.1g × 2 中、デソキシコレート培地） 細菌数：50,000/g 以下（標準平板）　大腸菌群：陰性（0.1g × 2 中、デソキシコレート培地） 細菌数：50,000/g 以下（標準平板）　大腸菌群：陰性（0.1g × 2 中、デソキシコレート培地）
生乳・生山羊乳 濃縮乳、脱脂濃縮乳	細菌数：4,000,000/mL 以下（直接個体鏡検法） 細菌数：100,000/g 以下（標準平板）
牛乳・殺菌山羊乳 特別牛乳	細菌数：50,000/mL 以下（標準平板）　大腸菌群：陰性（1.11mL × 2 中、B.G.L.B. 培地） 細菌数：30,000/mL 以下（標準平板）　大腸菌群：陰性（1.11mL × 2 中、B.G.L.B. 培地）
成分調整牛乳、低脂肪牛乳、無脂肪牛乳、加工乳	細菌数：50,000/mL 以下（標準平板）　大腸菌群：陰性（1.11mL × 2 中、B.G.L.B. 培地）
クリーム 無糖れん乳、無糖脱脂れん乳	細菌数：100,000/mL 以下（標準平板）　大腸菌群：陰性（1.11mL × 2 中、B.G.L.B. 培地） 細菌数：0/g 以下（標準平板）
加糖れん乳、全粉乳等	細菌数：50,000/g 以下（標準平板）　大腸菌群：陰性（1.11g × 2 中、B.G.L.B. 培地）
バター・プロセスチーズ	大腸菌群：陰性（0.1g × 2 中、デソキシコレート培地）
ナチュラルチーズ 　（ソフト、セミハードに限る）	リステリア　モノサイトゲネス：陰性（ただし、容器包装に入れた後、加熱殺菌したもの、又は飲食に供する際に加熱するものはこの限りではない）
濃縮ホエイ	大腸菌群：陰性
乳飲料	細菌数：30,000/mL 以下（標準平板）　大腸菌群：陰性（1.11g × 2 中、B.G.L.B. 培地）
はっ酵乳	乳酸菌数または酵母数:1,000,000/mL 以上　大腸菌群:陰性（0.1mL(g) × 2 中、デソキシコレート培地）
乳酸菌飲料 　固形分 3% 以上 　固形分 3% 未満	 乳酸菌数または酵母数:10,000,000/mL 以上　大腸菌群:陰性(0.1mL(g) × 2 中、デソキシコレート培地) 乳酸菌数または酵母数:1,000,000/mL 以上　大腸菌群:陰性(0.1mL(g) × 2 中、デソキシコレート培地)
豆腐(常温で保存するもの)	当該豆腐中で発生しえる微生物：陰性
生食用食肉	腸内細菌科細菌：陰性

* 清涼飲料水には腸球菌、緑膿菌が陰性の基準、および原水に基準がある。魚肉ねり製品に使用する砂糖、でん粉および香辛料には芽胞菌 1,000/g 以下の基準がある。アイスクリーム以下は乳等省令に記載。

表 2-3　食品衛生規範で推奨されている各種食品などの微生物基準

品名など	微生物基準
弁当、そうざいの衛生規範	
加熱食品（卵焼き、フライなど）	細菌数：100,000/g 以下　E. coli：陰性（0.01g × 3 中、EC 培地）黄色ブドウ球菌：陰性（卵黄加マンニット食塩寒天培地）
非加熱食品（サラダ、生野菜など）	細菌数：1,000,000/g 以下
生めん類の衛生規範	
生めん類	細菌数 3,000,000/g 以下　E. coli：陰性（100 倍希釈 1mL × 3）黄色ブドウ球菌：陰性（10 倍希釈 0.1mL × 2）
ゆでめん類	細菌数 100,000/g 以下　大腸菌群：陰性（100 倍希釈 1mL × 2）黄色ブドウ球菌：陰性（10 倍希釈 0.1mL × 2）
具など（加熱済）	細菌数 100,000/g 以下　E. coli：陰性（100 倍希釈 1mL × 3）黄色ブドウ球菌：陰性（10 倍希釈 0.1mL × 2）
具など（未加熱）	細菌数 3,000,000/g 以下
洋生菓子の衛生規範	細菌数 100,000/g 以下　大腸菌群：陰性（生鮮果実部を除く）黄色ブドウ球菌：陰性
漬物の衛生規範	カビおよび産膜酵母が発生していないこと
充填後加熱殺菌したもの	カビ：陰性　酵母：1,000/g 以下
一夜漬（浅漬）	E. coli：陰性（100 倍希釈 1mL × 3）　腸炎ビブリオ：陰性
製造区域の落下菌*	
汚染作業区域	落下細菌数　100/5 分 /ID9cm プレート以下
準清潔作業区域	落下細菌数　50/5 分 /ID9cm プレート以下
清潔作業区域	落下細菌数　30/5 分 /ID9cm プレート以下　落下真菌数　10/20 分 /ID9cm プレート以下

*　落下菌数はそれぞれの衛生規範で若干異なる。これ以外に、セントラルキッチン／カミサリー・システムの衛生規範がある。

表 2-4　食品衛生管理者の設置が必要な業種

全粉乳・加糖粉乳・調整粉乳・食肉製品・魚肉ハム・魚肉ソーセージ・放射線照射食品・食用油脂・マーガリン・ショートニング・添加物

表 2-5　食品衛生管理者の資格要件

① 医師、歯科医師、薬剤師又は獣医師
② 学校教育法（昭和 22 年）に基づく大学、旧大学令（大正 7 年勅令）に基づく大学又は旧専門学校令（明治 36 年勅令）に基づく専門学校において医学、歯学、薬学、獣医学、水産学又は農芸化学の過程を修めて卒業したもの
③ 厚生労働大臣の登録を受けた食品衛生管理者の養成施設において所定の課程を修了した者
④ 学校教育法に基づく高等学校若しくは中等教育学校若しくは旧中等学校令（昭和 18 年勅令）に基づく中学校を卒業した者又は厚生労働省令でさだめるところによりこれと同等以上の学力があると認められるもので、第 1 項の規定により食品衛生管理責任者を置かなければならない製造業又は加工業において、食品又は添加物の製造又は工場の衛生管理の業務に 3 年以上従事し、かつ、厚生労働大臣の登録を受けた講習会の過程を修了した者

が食品衛生法で義務付けられている（**表 2-4**）。食品衛生管理者は、食品に関係する科学的な知識（微生物学など）の習得が必要で、特に食品で発生するハザードの抽出、コントロール、ハザードの防止対策の構築などができることを要求されている。そのため、**表 2-5**

に示す資格要件が設けられている。

2.1.2　食品製造（加工）の規格基準

食品衛生法で規定されている規格基準は食品事業者が順守しなければならない規準で、成分規格、製造基準（加工・調理）と保存基準がある。成分規格は**表2-2**に示した微生物基準を含むが、重金属など化学的基準がある場合もあるので、対象となる食品は必ず規格基準を確認しなければならない。

2.1.3　食品製造技術と管理項目

食品製造は、複数の技術の組み合わせや並び替えにより行われるため（**図2-1**）、その

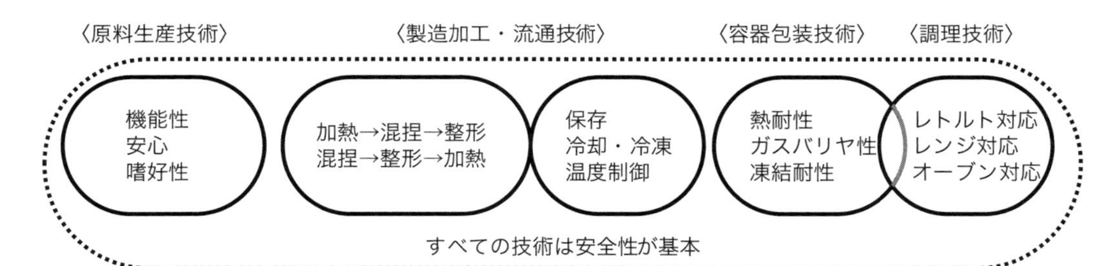

図2-1　製造技術の順序と組み合わせ

表2-6　食品製造技術の構成要素

目　的	技術要素
加　熱	マイクロ波・電磁波・熱交換（熱水、蒸気、油など）
ガス保存	酸化エチレン・臭化メチル・エチレン・N_2・CO_2・アルゴン
放射線	X線、軟X線
高周波・マイクロ波	膨化加工・乾燥・解凍・殺虫・調理・熟成
乾　燥	凍結・真空・減圧・加圧・マイクロ波
高圧処理	殺菌・調理・熟成
超音波	洗浄
混　合	混練・噴流・超音波
粉　砕	乾式・湿式・凍結粉砕
凝　集	澱下げ剤・超音波
包　装	ガス置換・乾燥剤・脱酸素剤・アルコール剤・エチレン除去剤
冷却・凍結	冷媒熱交換・真空・電子冷媒・ロータリーフリーザー
解　凍	高周波・マイクロ波・加圧
低温処理	凍結濃縮・凍結変性・凍結脱水
圧　搾	高圧処理・濃縮処理・変形処理
超音波	乳化・分散・凝集・脱水・混合・洗浄・殺菌
膜利用	ガス選択・電気透析・限外ろ過・逆浸透膜
蒸　留	分子蒸留・水蒸気蒸留・連続蒸留・分離
エクストルーダー	一軸式・二軸式
吸　収	吸着剤・吸収剤
抽　出	超臨界ガス抽出・溶剤
バイオテクノロジー	バイオリアクター・酵素利用
凍結・冷蔵	超低温冷凍・PF
輸　送	液体輸送・粉体輸送・固体輸送
選　別	篩・サイクロン・超音波・レーザー光・振動
除　去	X線・磁界

管理項目は工場、製品、製造のライン別で決まり、非常に多様である。また、同じ製品（同商品名）でも、製造に使用している機械の種類で品質に差が出ることもあり、製造ラインの設計図書だけでは管理項目や管理基準を決めることは難しい。したがって、食品の適切な管理項目とその基準は、実際に食品を製造している現場に行ってリスク分析とリスク評価をしないとわからないことが多い。

製造技術は**表 2-6** に示したように多種多様であり、技術の選択は各企業の求める品質内容や品質レベルまたは経済的、人的な要因により異なってくる。目的とする品質を満足させるために導入した機械も、その構造や機能特性の違いによって食品の品質に及ぼす影響が異なってくるので、事前にメーカーなどから品質管理に関する情報を入手し、管理が必要な項目を検討しておく必要がある。

2.1.4 食品の設計

安全でおいしい食品は企画の段階から検討すべきである。食品開発の担当者は食品の仕様や食品衛生法の規格規準を考慮しながら、製造工程と管理基準などを検討する。そして、衛生面はもちろん、原料確保と調達方法、さらに作業効率を考えた人の流れやラインの組み立てなどの膨大な項目が検討され、その食品の製造計画が立てられる。この作業は非常に重要であり、作業者の負担を軽減した効率的な作業内容を決めていくことになるので十分時間をかけて、検討することが望ましい。

安全性を含めた品質は、すべてこの最初の設計段階で決定されてくるといっても過言ではない。もちろん、設計時点で予測できない危害要因（ハザード）に対しては、製品設計段階での具体的な管理基準の設定はできないが、過去の事故原因などを分析することにより、ある程度の管理項目を推測できる。しかし、現実には製品設計から品質管理の計画を立てようと考える中小企業の経営者は少ない。それは、製造現場で直面した課題を改善しながら進めるほうが早く対応できると考えているため、設計段階での管理項目の検討を重要視しない場合が多い。例えば、納期が迫り顧客に対して迷惑をかけないようにすることが最優先であるとの理由を持ちだし、見切り発進する場合などである。

まったくはじめて製造する新規性の高い食品の場合、問題点やその対策についての知見は入手に限界があり、十分に時間をかける余裕もない場合が多い。また、いつまでも足踏みして前に進まないより、前に進んで問題解決を図ることも時には有効かもしれない。しかし、多くの場合、「最初に十分検討し設計しておけば、今こんなに苦労せずにすんだものを」といったことが多いのも事実である。

例えば、製造開始を急いだために、十分検討せずに購入した成形機の清掃に手間がかかり、結果的に人件費が高くつき、その商品を作れば作るほど赤字が出てしまったという場合や、賞味期限の微生物データが十分取れず、夏場になると顧客の要求する微生物基準をクリアできなくなり、取引停止になる場合などである。せっかく投資して購入した最新の機械でも、食品の規格を満たさなければ製造・出荷することができず、製造装置を倉庫に保管したままというケースは少なくない。

さらに、原料がブランド野菜などのような特殊なものの場合、原料として魅力的ではあるが、天候の影響を受けやすいなど、安定した品質の原料確保が難しい場合があり、高くついてしまうこともある。そして、できあがった商品の品質が悪く、結局売れなかったりする。その結果、特注の包材は余り、廃棄せざるを得なくなるなどの例は枚挙に暇がない。

食品の製造は、そのアイディアがどんなに良いものであっても思いつきだけではうまくいかないことが多い。実際的な食品の製造方法や、使用する機械も、性能だけでなく清掃のしやすさなど、メンテナンス作業の効率性や要求する品質規格（夏場の微生物基準など）などについて十分に検討する必要がある。

2.1.5　食品の製造

前述したように、食品衛生法の施設基準に適合した衛生的な施設やラインを設計・設置し、さらに食品製造の営業許可が得られてはじめて、食品を製造することができるようになる。そして、営業担当者が食品を販売するために営業活動を開始して注文をとり、その商品の数量および納期を確認し、生産計画を立てることになる。実際には、原料の仕入れや作業者の手配、資材や製品の在庫状況など様々な状況を考慮して計画が立てられる。また、長期生産計画を中期・短期生産計画に、さらに1日の生産計画まで落とし込んでいく。これに伴って資材の購入計画も綿密に行われ、できるだけ在庫が少なくなるように検討される。その主な検討項目を**図2-2**に示す。

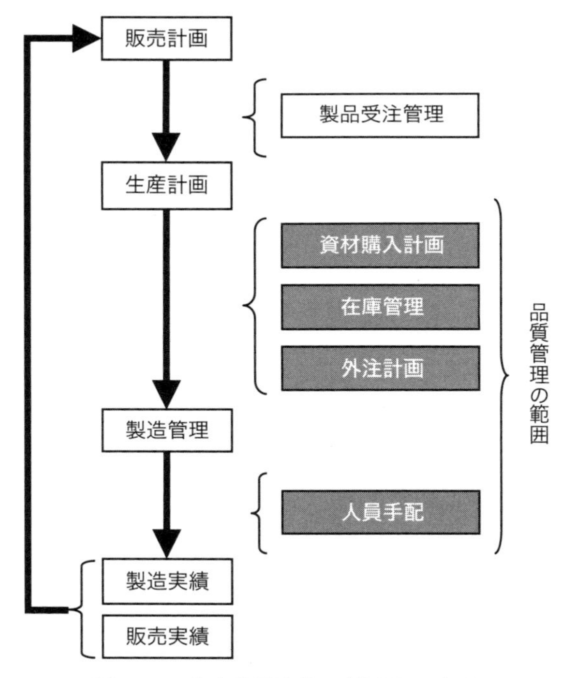

図2-2　生産計画立案に関連する事項

本来、品質管理は、長期生産計画で立てられた原料の購買計画や、在庫計画などの品質管理上の問題について検討するところからはじめるべきであり、購入した原料の賞味期限が切れて使用できないなどの問題が生じないよう管理する必要がある。食品の品質や安全性の点で問題のない計画であることが確認できれば、計画にそって実施される作業を管理していくことになる。

食品製造に先立って、使用する原料や人員配置、製造手順などが決められている場合、品質管理の責任者または工場長は、その日の製造が生産計画通り行える状態にあることを確認するために、作業前に工場内を点検することも必要になる。例えば、予定していた作業者が病気で休んだ場合や、機械が試運転時から調子が悪く使用不能になるかもしれないと判断された場合、生産計画を変更することになる。このような、普段とは異なる状態が最も事故が発生しやすいということを認識し、特に品質面に問題が起こらないよう最新の注意を払って管理する必要がある。納期や原料ロスなど目先の利益にとらわれて、安全性への判断を鈍らせることがないようにしなければならない。

また、基準を逸脱した原料を破棄するなどの最終判断は、営業部門や製造部門から完全に独立した部門（食品安全を担う）が行うべきである。そうした重大な責任を負う品質管理者はハザードを未然に防止するための基本的な知識を身につけ、どのような状況においても冷静に適切な措置がとれる力量が求められる。

2.2　品質管理のポイント

ここでは、基本的な品質管理の知識と、効率的かつ効果的な点検のための手法について具体的な管理ポイントを解説する。

2.2.1　品質管理計画の立案

1) 「良い品質」とは

「品質」という言葉は広い意味で使われるが、「良い品質」という場合、「製品の持つ優れた特性」と「製品の均一性」に相当する。前者は顧客の期待する性能（味・機能性・栄養・価格・安全など）のことを、後者はバラツキの少ない状態のことを意味している。これらの事項を目標として掲げ、滞りなく実施されるように管理することが「品質管理」であると一般的に理解されている。

2) 「品質特性値」とは

品質管理の対象となる諸要素は「品質特性」と言われ、できるだけ数値で示すことが必要となる。例えば麺の場合、「コシ」のある良い麺を数値化しようとすると、レオメーターと呼ばれる測定器で、麺線の切断応力を調べることが一般的に行われている。この数値は「品質特性値」と言われており、食品ごとに個有のパラメーターを使って数値化されている。「良い品質」の製品を作るためには、基準とする品質特性値を決定し、そのための製造管理基準を決定しなければならない。そして、企業は目指すべき「良い品質」を確保するために、製品および製造の仕様、規格、標準化などの手順を考えることになる。当然であるが、微生物の規格・基準などの安全性に関する事項も品質に含まれる。

3) 付加価値とブランド

同じような製品を作っても、企業が決める仕様によって製品の質が変わる。例えば、梅干でも1粒100円するものもあれば10円以下のものもあり、その製品の持つ付加価値やブランドによって価格差が生じる。しかし、その付加価値がいつも一定した状態で提供されなければ、そのブランドは信用を失うことになる。

また、求める性能や特性が満足されたとしても、安全性に関する問題や原料などの偽装があれば、食品作りの前提が崩れ、製造自体が成り立たないことになる。したがって、安全性に関する基準は最も基本的な品質であり、産地を謳った食品はブランドを保証ということでサービスの品質と見ることもできる。

2.2.2　標準化と規格化

1)「品質管理基準」とは

「品質管理基準」は、目指すべき品質を達成するために定める管理基準である。品質管理の責任者は、製品が顧客を満足させているかを確認するために、消費者アンケートやクレーム内容を分析し、その結果問題があれば、管理基準を見直す。このように、管理基準を修正していく作業を「標準化」という。特に、衛生に関する基準は、食品衛生法の規格基準や衛生規範（既出、表2-2、表2-3）を考慮して、見直さなければならない。

自社で決めた品質管理基準は、法律に適合していることはもちろんだが、顧客の求める基準をも満たしている必要がある。そして、その基準を達成するために「作業標準」が作られ、これをもとに文書化された製品仕様書や品質管理規格書ができあがる。

2)「作業標準」とは

「作業標準」が作成された場合、その作業が標準通りに実施されていることを確認する必要がある。このとき使われる手法にQC（Quality Control）手法がある。日本ではよく知られた手法であり、品質管理のみならず商品開発、業務改善、コストダウン、問題解決などの手法として幅広く利用されている。

QC手法は、現場でデータをとり、客観的な事実に基づいてPDCAサイクルを回すことを基本としており、QCの7つ道具（**表2-7**）と呼ばれる手法が採用されている。品質管理を行う上で非常に有効な手法なので、参考図書[2)]などで確認しておくことを勧める。

表2-7　QCの7つ道具[2)]

パレート図	項目別に層別して、出現頻度の大きさの順に並べるとともに、累積和を示した図
特性要因図	特定の結果（特性）と要因との関係を系統的に表した図
グラフ	データの大きさを図形で表し、視覚に訴えたり、データの大きさの変化を示したりして理解しやすくした図
管理図	連続した観測値または群にある統計量の値を、通常は時間順またはサンプル番号順に打点した上側管理限界線、および／または下側管理限界線をもつ図
ヒストグラム	計測値の存在する範囲を幾つかの区間に分けた場合、各区間を底辺とし、その区間に属する測定値の度数に比例する面積をもつ長方形を並べた図
散布図	2つの特性を横軸と縦軸とし、観測値を打点してつくるグラフ
チェックシート	計数データを収集する際に、分類項目のどこに集中しているかを見やすくした表または図

2.2.3　従業員の衛生管理とトイレの管理ポイント

1)　従業員の健康管理

従業員の健康管理は非常に重要である。食中毒で最も多いノロウイルスは不顕性感染者といわれる下痢などの症状がでない従業員が、食品を汚染することが多く、日頃からノロウイルスに感染しない食生活を心掛けることが大切である。例えば、日頃から二枚貝などのハイリスク食品の生食は絶対にしないよう話しをし、従業員の家族や友人が体調不良になった場合は、自分自身の体調変化に十分留意するよう教育することも重要である。

体調不良を申告すると会社を休まなければならなくなったりするため、申告しにくい場合がある。会社は従業員が申告しやすいように、ある程度の給与面での保証などの支援が必要になってくるかもしれない。

2)　トイレの衛生管理

不顕性感染者が、ノロウイルスなどの病原菌を腸内にもっている場合、その者がトイレを使用した時にトイレを汚染することが考えられる。他の従業員がトイレを使用するときに、汚染の可能性があるドアノブや水栓レバー、ペーパーフォルダなどを触り、汚染する可能性がある。したがって、このようなリスクを下げるためにトイレ設備の掃除と殺菌は毎日実施する必要がある。

2.2.4　工場入室時の管理ポイント

1)　作業服

直接、食品を取り扱う作業者は工場入室時に清潔で適切な作業服を着用する。作業服は基本的には毎日洗濯し、清潔なものを着用する。また、毛髪が作業服からはみ出さないように帽子をかぶり、体毛が作業服の外に落下して食品中に入らないよう内側にネット付きの構造になっていることも大切である。

2)　毛髪等異物除去

次に、作業服に付いた毛髪を工場内に持ち込ませないために、手洗い前に毛髪を除去することが必要である。独立行政法人国民生活センターに寄せられた異物クレームでは、虫、金属異物に次いで毛髪の混入が多い（**表 2-8**）。

効果的で簡単な毛髪の除去手法としては、粘着ローラーがあげられる。その他、エアーシャワーで作業服に付着した毛髪を吹き飛ばす方式や、掃除機の原理で吸引除去する方式などがある。写真やマンガでわかりやすく工場への入室基準（**図 2-3**）を掲示することも有効である。

3)　手 洗 い

手洗いは、作業者が病原微生物などを工場に持ち込まないために非常に重要である。特にトイレ後にノロウイルスが手に付着している可能性が考えられるので、しっかりと手洗いを行う必要がある。また、手に傷があり絆創膏をしている場合は、黄色ブドウ球菌を食品に

表 2-8　異物混入の種類・食品群（業種）と件数一覧[3]（2014 年度）

種　類	件数	食品群	件数
虫（ゴキブリ、ハエは除く）	265	菓子類	213
金属片、ボルト、ネジ	134	穀類（パン、麺、米）	277
毛	148	調理食品	471
針、針金、つり針、釘	93	魚介類	159
プラスチック、ゴム	140	飲　料	122
ガラス片	41	野菜、海藻類	136
ゴキブリ	49	調味料	44
石・砂	48	乳卵類	56
紙・糸・布	76	肉　類	85
ビニール	87	果　物	30
ハ　エ	31	その他	63
木　片	29	外食・食事宅配	196
刃　物	5		
ホチキスの針	21		
ネズミのふん、毛など	21		
その他*	540		

* 歯、骨、絆創膏、たばこ、カビのようなもの、食中毒菌など。

ローラ掛け マニュアル

1. 頭に掛ける

2. 腕に掛ける

3. 胸から腹に掛ける

4. 背中から腰に掛ける

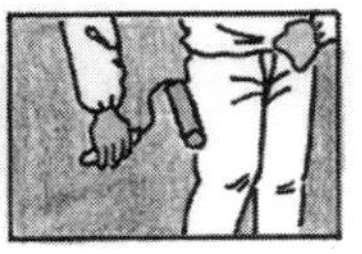

5. 足に掛ける

図 2-3　ローラー掛けマニュアル

1. 手をぬらす

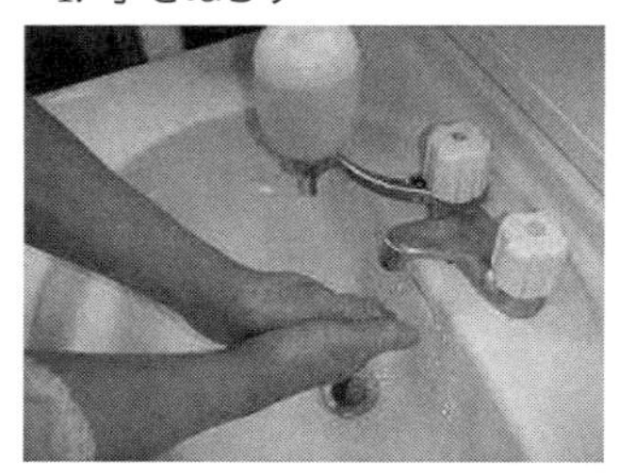

2. 洗剤をつける

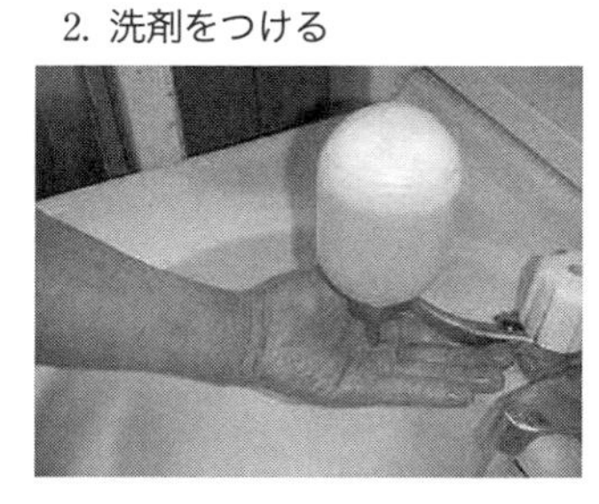

3. 手をもみ洗いする

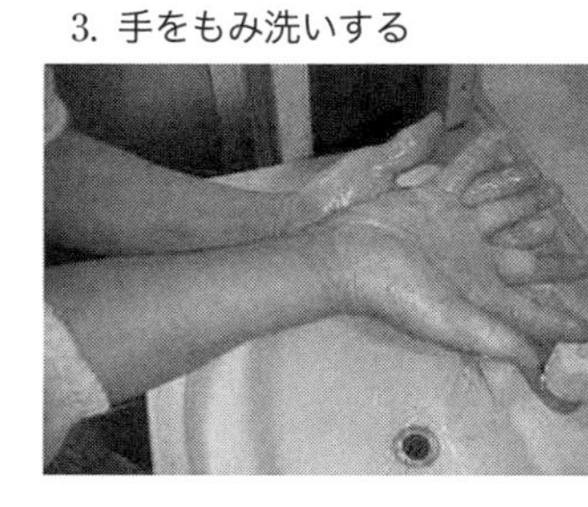

4. 水ですすぐ

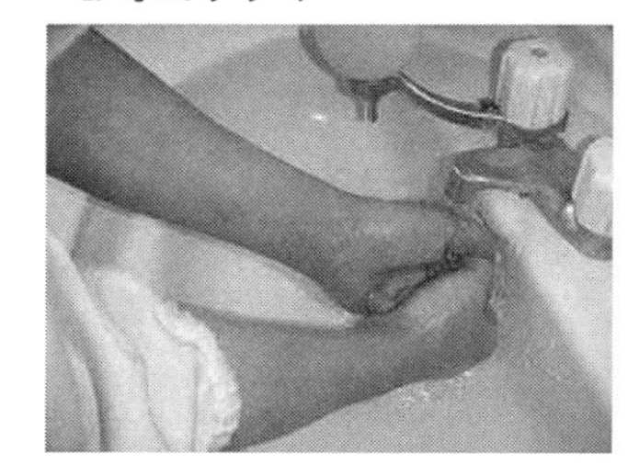

5. 手の水分を紙でふきとる

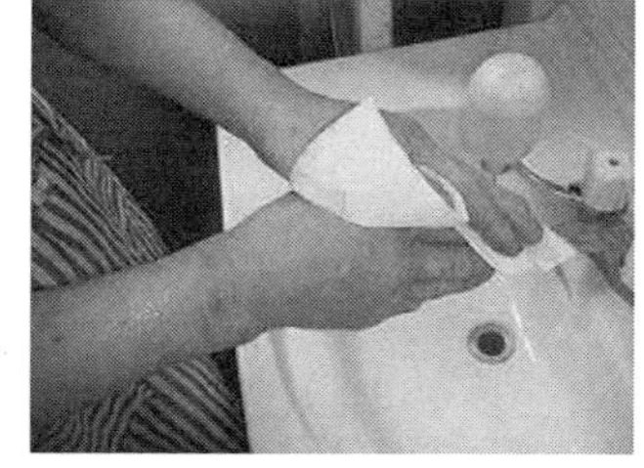

6. アルコールをつけ揉み手する

図 2-4　手洗い手順（マニュアル）例

汚染させる危険性が高いので、手袋を着用する必要がある。手洗い方法については、効果的な手洗いを従業員全員が実施できるよう、簡単な手順書を準備すると効果的である（**図 2-4**）。

2.2.5　原材料受入の管理ポイント

1)　原材料の受入

食品原料の受入管理は非常に重要である。化学物質に汚染された食品原材料を受け入れてしまうと、その後の製造工程で化学物質を排除できない場合がほとんどである。例えば、カビのマイコトキシンや黄色ブドウ球菌のエンテロトキシン、赤身魚のヒスタミン等に汚染された原料などである。化学物質に汚染されている可能性が考えられる場合、分析証明書などをあらかじめ取り寄せて確認しておく必要がある。

2)　輸入原材料の受入

過去に、金属異物が混入した食品原材料や食品添加物の規格基準を逸脱した香料を輸入し、それら原料を使って製造した食品がすべて回収された事件が起こっている。使用したバターや香料がたとえ微量であっても、食品衛生法に逸脱した原料を使って製造した食品は販売できないのである。輸入原料の受入管理については、日本と海外の法律の違いや、原材料の環境汚染リスクがあるため、細心の注意が必要である。

3)　季節や産地による品質変化

原料特有の好まれない風味（異臭）が季節や産地によって発生し、品質的問題が問われる場合がある。例えば、キスやサワラのフライ、明太子などの魚卵から薬品臭がするなどのクレームが生じることがある。これは原料特有の問題であるが、原料受入れ時の試食してみるなどのチェックをしっかり行うことが大切である。

さらに、食肉原料から検出されやすい病原大腸菌やサルモネラ属菌が、生野菜から検出されることがある。これは、動物の糞便由来の有機肥料が未熟（堆肥化が不十分）なまま使用された場合などが原因と考えられる。加熱しないで食べる場合は、殺菌を行うなどの管理を行わなければならないので注意が必要である。

4) 冷凍品の状態

そのほかに注意が必要な原料として、冷凍品がある。冷凍品は、冷凍車などで流通される過程での温度変化が原因で、冷凍変性を起こし、原材料の特性（みずみずしさ、鮮やかな色など）が損なわれる場合がある。そのため、流通経路における温度履歴や、受入時に原材料の外観（変色・白濁・肉質の状態・解凍後のドリップ量など）をチェックする必要がある。－15℃に保存した冷凍食品でも、食品が含有する水分の約70％程度が凍結しているのみで、残り30％は結合水として食品内部にとどまり、氷結晶として成長するときに冷凍変性を起こすのである[5]。このような冷凍変性は、原料の温度変化を小さくすることで防止が可能である。

5) 使 用 水

使用水の受入管理は重要で、各都道府県条例で定められた水質基準に適合したものでなければ使用できない。過去に腸管出血性大腸菌O157に汚染された井戸水により幼稚園児が食中毒に患った事例がある。特に井戸水を利用している事業所は自主的に水質検査等を行って、管理する必要がある。水道水は、「水道法」に基づいて水道局が管理しているため病原菌に汚染されているリスクは少ないと思われるが、一旦法令で定められた量（10m^3）以上を、貯水槽にためて使用する場合は、食品製造用水の基準を満たすよう、貯水槽の管理および貯水槽から出てくる水の管理が必要になる。

2.2.6 保管の管理ポイント

1) 温　　度

原料および仕掛品や再利用品を保管するときは微生物の増殖に留意し、頻度を決めて温度を確認する必要がある。

冷却を兼ねて冷蔵保管する場合、食品の温度が食品微生物が急速に増殖する危険領域の温度帯（10～60℃）を早く通過するように冷却することが大切である。品温が速やかに低下するためには、食品は適切な量を入れ詰めすぎず、冷風などが流れやすいように保管位置に対する配慮等が必要になってくる。

2) 交差汚染

原料や仕掛品の保管は、日付やロット番号、保管位置などを決めて、先入れ・先出し管理を行う。また、保管中に異種の原料との交差汚染がないように配慮することも必要である。例えば、魚、肉、野菜ではそれぞれハザードが異なり、同じ棚または同じエリアで管理すると交差汚染（クロスコンタミネーション）の危険性があるため、棚の区別、保管庫の区切り、フタ付きの容器に個別保管するなどにより対応することが望ましい。他に、加熱調理後の仕掛品を清潔区域で管理、生ものは汚染区域で管理とする考え方があるが、必要に応じてこの考え方を採用すると良い。必ずしもこの考え方に固執する必要はないので注意願いたい。

2.2.7 計量の管理ポイント

1) 計 量

調合での管理ポイントは、主に食品と添加物の計量・配合ミスを防止することである。

保存料やpH調整剤で微生物増殖抑制効果を期待する場合、確実な計量が求められる。保存料やpHの効果により決定された賞味期限等は、食品添加物の適切な配合抜きには考えられない。

食品添加物による保存効果は、複数の添加物の相乗効果により、有効性を発揮させている場合が多い。例えば、醤油や清涼飲料水に保存目的で使用される安息香酸は、pH4付近で効果が増強することから、クエン酸や酢酸などのpH調整剤との併用が一般的に行われている。また、リゾチームはグリシンとの相乗効果が高く、卵を主原料としたカスタードなどの製品に利用され、保存効果を高めている。したがって、正確な計量と適切な配合が実施されるような配合チェック表等を使って記録を残すとともに、最終製品のpHまたは官能検査などにより、調合を検証することは重要である。

その他、ハムなどに発色剤として使用される亜硝酸Na（またはK）は、法律で規定された使用基準があるので計量間違いがないよう特に注意が必要である。

2) クロスコンタクト（交差接触）

計量・配合作業で管理しなければならないポイントとして、クロスコンタクトの問題がある。本来配合されていない保存料やアレルゲンが検出されるなどの問題は、計量時に使用する機械器具の共用化と、その洗浄不良が原因となる。このような問題を防ぐために、食品衛生法などで規制がある添加物やアレルゲン、およびGMO（Genetically Modified Organisms：遺伝子組換え作物）などについては、専用器具・機械を使用することが望まれる。

表2-9 アレルギー表示対象28品目（2020年11月現在）

分類・規定	名 称	備 考
【特定原材料】 省令による表示義務のある品目 ※表示義務違反対象	卵、小麦、乳、えび、かに	症例数が多い
	そば、落花生	症状が重篤であり生命に関わるため特に留意が必要なもの
【特定原材料に準ずるもの】 通知により表示を推奨される品目	あわび、いか、いくら、オレンジ、キウイ、牛肉、くるみ、さけ、さば、大豆、鶏肉、バナナ、豚肉、まつたけ、もも、やまいも、りんご、ゼラチン、ごま、カシューナッツ、アーモンド	症例数が少なく、省令で定めるには今後の調査を必要とするもの

専用化が難しい場合は、使用基準のある添加物やアレルゲンおよびGMOなどの原料を製造の最後に使用するといった製造計画の変更によることも可能である。

表2-9に、表示が義務付けられている特定原材料（表示義務品目）と、特定原材料に準ずるもの（表示推奨品目）を示した。表示推奨品目に記載されている食品は義務表示となっていないがアレルギー反応を起こす人にとっては、工場で適切な管理が望まれている。

2.2.8　加熱工程の管理ポイント

1)　微生物制御（殺菌）

微生物制御の基本は、温度と時間の管理である。

食品加工における加熱（殺菌と調理）は微生物制御の中心をなすものであるが、その処理条件は、商品として求められている品質も考慮して決める必要がある。高温で長時間加熱すれば微生物は死滅するが、おいしさや機能性が損なわれる可能性があり、顧客が求める商品価値がなくなってしまう。逆に、おいしさばかりを追求すると、加熱不足で病原性微生物が生残してしまうかもしれない。品質管理に携わる者は、人的危害や品質異常が生じない加熱の条件を科学的根拠（法令で定める基準など）に基づいて決定し、管理基準とする。そして､決められた条件で作られた食品が消費者の求める品質要件を満たしていることを､定期的に検証する必要がある。

2)　温度計とタイマーの校正

加熱が微生物を制御している場合､温度と時間の管理が重要な管理手段になることから､使われている温度計とタイマーの精度を定期的にチェックすることが大切である。温度計のチェックは、標準温度計で、タイマーのチェックは、電波時計などで精度を確認し、異なっていれば補正する必要がある。

3)　モニタリングと改善及び記録

加熱が重要な管理手段となる場合、製品または処理環境（加熱装置内）の温度と時間を適切な頻度で観測（モニタリング）し、記録する必要がある（**図2-5**)。モニタリングの頻度が少ないと、管理基準の逸脱を見逃してしまう危険性があるので、そのようなことを防ぐためにも、モニタリングは連続式が望ましい。モニタリングで、基準値の逸脱を発見した場合、前回のモニタリングしたときまでの食品を特定し、再加熱あるいは廃棄処置をとり、加熱不備となった原因を調べ再発を防止するなどの改善措置をとる。

記録にはモニタリング記録、校正記録、改善措置記録の他、管理基準が病原微生物などのハザードを排除できているか検証するための細菌検査記録などがある。

4)　加熱条件の把握

対象とする食品の処理量や初期の中心温度、外気温などの影響により温度上昇速度と時間などが変化するので、加熱条件は最大負荷がかかる条件で妥当性を確認した管理基準でなければならない。

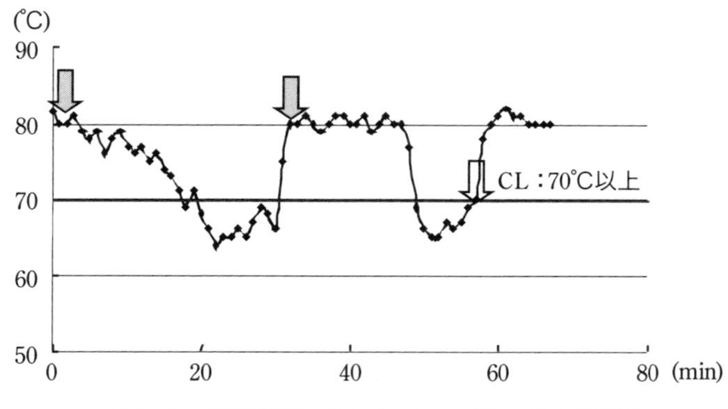

図 2-5　加熱殺菌におけるモニタリングの重要性

・殺菌時間と殺菌温度の管理（モニタリング）
・CL（管理基準）設定の妥当性確認（微生物規格）
・逸脱時（モニタリング時と検証時）の改善（廃棄、再加熱、原料戻しなど）後の検証

5)　装置の特性

加熱処理で使用する装置には様々な方式がある（既出、表 2-6）ので、加熱が食品の物性に及ぼす影響を考慮して使用することが大切である。

装置導入当初は食品の特性（熱伝導性、流動性など）にも考慮して、試験を繰り返しながら適切な加熱条件を決定していかなければならない。また、装置のメンテナンスや検証方法も決め、その上で管理手順書を作成しなければならない。

2.2.9　冷却および凍結の管理ポイント

1)　微生物制御（増殖）

食品の冷却は、微生物の増殖を防止し、ハザードを許容水準以下に抑える重要な工程である。

冷却の管理ポイントは冷却時間と温度で、できる限り速やかに 10℃以下（できれば 4℃以下）に管理されていることを確認する必要がある。食品の冷却は、冷却開始時の温度（初温）と冷却する食品の量、および容器も含めた熱伝導率の違いにより、その冷却スピードが大きく異なってくるため、いろいろな条件を設定して得られたデータに基づいて管理手順を決定すべきである。また、食品の配送中に温度が高い状態になると微生物が増殖する可能性があるので、配送車や製品保管庫内の温度をモニタリングしておくことも必要な場合がある。

2)　装置の特性

冷却装置または凍結装置については、装置自体の汚染の危険性を確認する必要がある。特に、空気の流れが強い冷風機や、減圧状態を解除するときに汚染された空気を内部に呼び込む真空冷却装置では、装置自体と、それらが置かれている環境の清潔度を保つことが重要である。

表2-10　冷媒熱交換技術を原理とした冷却・凍結装置[4)]

設　備	手　法	具体例
凍結装置	空気式	トンネルフリーザー・スパイラルフリーザー・バッチ式エアブラスト（強制対流式）・バッチ式管棚式（セミエアブラスト）
	液体式	エタノール（60%以上）・塩化 Ca・アンモニア
	コンタクト方式	プレートフリーザー（アルミ板）・スチールベルト（バンド式）・ドラムフリーザー
	液化ガス方式	液体窒素（－196℃）・液化炭酸ガス（－78.5℃）
冷蔵設備	冷蔵保存	一般冷蔵庫・冷蔵車・輸送コンテナ
	恒温恒湿庫	チルド・氷温・パーシャル・過冷却・冷温高湿貯蔵（0℃、90%、無風）

また、冷却媒体は気体（空気、CO_2ガス、N_2ガスなど）、液体（水、氷水、ブラインなど）、固体（氷、冷却金属など）で熱伝導性の違いにより冷却速度が大きく異なるので、食品の特性を考慮して適切な冷却方法を選ぶことが望まれる（**表2-10**）。そして、それぞれの装置の冷却能力や冷却効率と、冷却装置内における食品配置との関係をしっかり把握することで、均一で迅速な冷却を達成させることができる。

3)　冷却と食品の品質

冷却速度は、微生物的な問題以外に、食品の色や味・機能性の品質にも影響を及ぼすことがあり、できる限り早く冷却することが長期的な品質保持の点からも好ましい。凍結速度は品質に重要な影響を与える。食品を、最大氷結晶生成帯とよばれる－1℃～－5℃という温度領域で長時間保持すると、食品中の水分がゆっくり凍るため、氷の結晶が成長して細胞を内側から破壊されるため、解凍後の食品からドリップが発生して品質的な問題を生じるようになる。したがって、品質を保持するためには、できるだけ速やかに最大氷結晶生成帯を通過させることが必要になる（解凍するときも同様に、この温度帯を速やかに通過させるようにする）[5)]。

2.2.10　包装時の日付および異物排除の管理ポイント

1)　日付と原材料（アレルゲン）の記載

包装工程での重要な管理ポイントは、日付とアレルゲンの適切な印字である。

(独)国民生活センターによれば、企業による食品の製品回収告示で多いのは、日付の印字間違いと原材料の記載ミス（危害性の高いアレルゲン記入ミスも含む）である。

賞味期限または消費期限の記載は、毎日製造するごとに変更する必要があり、この作業が人の手で行われるためミスが発生しやすい。

しかし、「人はミスをするもの」であり、このことは誰でもミスをする可能性があることを意味している。一般的なミスの発見手段としてダブルチェックが実施されているが、実際にはそれでもミスを見逃してしまうことがある。

一般的なダブルチェックの方法は、1人ずつ順番にチェックする方式で、これだと、いつの間にか形骸化してサインだけ記入するようになり、チェック機能が働かなくなってくる。したがって、示唆呼称（声を出す）や、2人同時実施（チェック時間と場所を共有、読み合わせ方式など）を行うとチェックの形骸化が生じにくく、ミスの発見に有効である。

2）異物排除装置

金属片などの硬質異物はもともと原材料に存在するか、製造・加工中に食品へ混入することがあるので管理が必要である。食品企業では主に金属探知装置が導入されており、作業開始前・製品切り替え時・作業終了時などに、テストピース（装置の感度チェック用の金属球（鉄：φ 0.5mm <、ステンレス：φ 1.0mm <など））で感度チェック（モニタリング）を行っている。このとき金属探知装置が正常に働いていれば、装置が反応してベルトコンベヤが停止するか、金属探知装置と連動する排除装置が働いて異物が排除される。

3）排除製品の除外

また、金属探知装置が働いて排除された製品が、間違って正常品に混入しないようにすることも重要な管理ポイントである。排除品の管理は、品質管理者が回収するなどの方式が一般的である。ライン担当者が排除品を取り扱うと、間違って正常品へ混入してしまう危険性がある。

さらに、装置の異常により金属片を排除できていなかったことがわかった場合、前回の

表 2-11　食品の種類と異物排除装置

分　類	食品名	排除装置	原　理
液体食品	牛乳 清涼飲料水 醤油など	ストレーナー（※1） マグネット ろ布	※1　100メッシュ（100穴/inch）の薄い金属製の網目に液体を通過させる。
粉体食品	小麦粉 澱粉 調味料など	シフター 篩など	
粘調性食品	味噌・ミートソース コーンポタージュ スープ ゼリー飲料など	マグネット（※2） ストレーナー	※2　10,000ガウス以上の強力な磁力を持つ磁石に、液体が接触するように通過させる。
固形食品	ハンバーグ そうざい 蒲鉾 冷凍食品など	金属探知機（※3） X線装置（※4）	※3　一般的に導入されている装置で、テストピースと呼ばれる規定のプラスチック板に入った金属球（FeとSUS）を製品に接触させて、装置を通過させる。装置が正常であれば、このとき反応して、自動的にラインが停止するか金属異物を排除する。 ※4　X線装置は、金属以外のプラスチックや骨など、製品と異なる密度のものを検知して排除することが可能で、密度の同じものは排除できない。
生鮮食品	肉 魚 野菜など	ボーンコレクター（※5） X線装置	※5　ミンチ肉中に残存している骨などを除去する器具。

テストピースによりチェック時まで遡って食品を特定し、再度、金属探知装置に通過させる。これら日々実施しているモニタリングや、装置の異常に取った措置の記録が必要である。

様々な異物排除機器類を**表 2-11** に示した。

2.2.11　出荷・販売時の管理ポイント

1)　冷凍・冷蔵庫の温度管理

原材料や製品を保管している冷蔵庫や冷凍庫は定期的に温度のチェックが必要である。

冷凍庫や冷蔵庫から原材料や製品の出し入れが頻繁に行われる場合、冷風の吹き出し位置と製品の出し入れ口の温度差が大きくなりやすいので、冷気が庫外へ逃げないようにビニールカーテンや前室を設置することが望ましい。

2)　水分移行と品質劣化

一旦、冷却または凍結された製品でも、長期間保管されていると、食品自体の温度が上下し食品内部で水分移行が生じ、品質に著しい劣化を生じさせることがある（2.2.5 の 4) 参照)。冷蔵品では包装の内側に結露水が、冷凍食品では霜がついてしまうが、これらはすべて食品内部から水分が移行したもので、製品自体にかなりの影響が出る。特に、デンプン質食品（冷凍米飯類、冷凍麺など）や冷凍野菜類などは、管理を誤ると劣化またはドリップの流出が激しくなる。

したがって、流通中の温度変化を極力抑える管理が求められる。冷蔵車や冷凍車から店舗などに製品を積み下ろす場合、長時間外気にさらされると製品の温度が上り、再度冷却されると、製品内部で水分移行が進み、品質的に問題を生じてしまう。温度変化が少なければ品質は良好な状態を期待できるが、夏場などは管理が難しくなるので、自動温度記録計（データロガー）などで配送中の製品および庫内の温度変化を調べ、運転手などに注意を促すことが大切である。

2.2.12　容器・包装における品質管理

異物混入の原因が、食品を包装する容器・包装材（包材）そのもので発生する場合も少なくない。包材によるクレームには、切りカス（プラスチック容器の内・外面に混入、付着)、切り粉（プラスチック容器の型抜き時の摩擦によって樹脂粉が内・外面に付着)、ガラス破片の混入、その他（段ボール・紙箱などの紙粉、テープ片、糸屑など）があり、これらは包材の製造時に発生するものである。

例えば、切り粉は切り抜きに使用する刃が摩耗して切れ味が悪くなったために発生するもので、刃の研磨頻度を定めることにより防げるものである。包材メーカーでは、異物検出機（金属探知機やX線異物検出機）や防塵機などを導入して検査、除去に努めている。しかし、除去工程以後の工程で異物の混入が発生する可能性があり、現実にこれらの工程での異物混入が発生している[6)]。

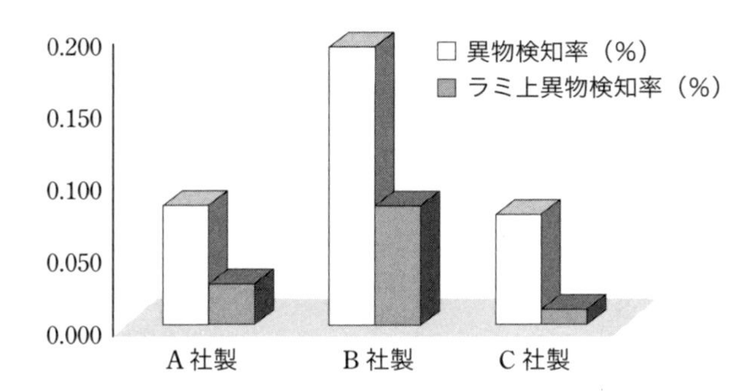

図 2-6　紙カップ包材の異物付着調査結果[7]

異物検知率：ポリエチレン（PE）でコートされた紙カップで，PE コートの内側にある原紙由来の夾雑物の検出率。
ラミ上異物検知率：PE コートの外側（商品に直接接する可能性のある部分）にある異物の検出率。

包材に付着した異物（**図 2-6**）対策は、包材メーカーへの点検や、品質改善に向けた包材メーカーとの共同の取り組みを実施することが重要である[7]。

2.2.13　その他の管理ポイント

以上述べた工程全般に共通する管理項目として、病原微生物の汚染防止があり、その管理ポイントを**表 2-12** に示した。従来から、食中毒を防止するためには「衛生の三原則」（菌

表 2-12　微生物の汚染源と管理項目

汚 染 源	衛生作業手順（マニュアル）	管理項目	参　考
手　指	手洗い手順	手指の微生物拭き取り検査 目視チェック、触手チェック	・工程ごとに原料、加工仕掛品を抜き取り、微生物検査を実施する。汚染による菌の増加を確認する。 ・これらは汚染防止を目的とした管理であり、SSOP（※ 2）の実施状況の適正を判断していることになる。
包丁・まな板・ボールなど	洗浄・殺菌・乾燥手順	器具類の拭き取り検査 （ATP（※ 1）・蛋白・微生物）	
ミキサー・切断機・計量器など	洗浄・殺菌・乾燥手順	機械類の拭き取り検査 （ATP・蛋白・微生物）	
結露　天井、床、壁	結露防止手順 殺菌・洗浄・乾燥手順	目視確認	
水（蒸気・氷）	水殺菌管理手順 貯水槽管理手順	塩素濃度測定 業者による定期メンテナンス	
空気 真空冷却装置	空調機管理手順 除菌・殺菌手順	空中浮遊菌・落下菌測定	
その他手が触れる場所 （ドアノブ・機械スイッチ・電話受話器・スプレーボトル・取っ手・計量器裏面など）	洗浄・殺菌・乾燥手順	拭き取り検査 （ATP・蛋白・微生物）	
原材料の戻し （汚染品の混入防止）	再利用手順 戻し手順	微生物検査	
原料相互汚染	原材料取り扱い手順	微生物検査	

※ 1　ATP（アデノシン三リン酸）は食品残渣や微生物中にある化学物質で、汚れの指標となる。この数値が小さいと汚れが落ちていると判断できる場合が多い。
※ 2　Sanitation Standard Operation Procedure：衛生標準作業手順書。

を付けない、菌を増やさない、菌をやっつける）が重要だと言われてきたが、この表は、菌を付けない管理に的を絞って整理したものである。

表 2-12 にはポイントとなる場所を示したが、具体的な手順についてはそれぞれの作業環境や、機械の特性を考慮して考える必要がある。また、これら汚染防止の取組みは重要なので、定期的に手順の目的を考えて評価しなければならない。例えば、ハムのスライサーを点検する者は「スライサーの洗浄目的は病原微生物の汚染防止」を念頭に、「今実施している作業は汚染防止という目的を達成しているだろうか」といったことを意識し、管理項目を検証し評価するとよい。

2.2.14　管理の形骸化防止と PDCA サイクル

管理ポイントを押えマニュアルを作っただけで計画的に点検し、改善につなげなければ形骸化しやすい。従業員が手順通りに手洗いをしていないとか、掃除をしていないなどといったことは時々見受けられるかもしれないが、そのような場合、手順通り実施していない従業員を注意するだけでは、手を洗わないといったことが再発し、注意のくり返しに終止する懸念がある。このような管理の形骸化を防ぐには、定期的に現場における品質管理の取組みを点検するだけでなく、現場が取組みやすくなるように改善していくことが必要になる。本書の 2.2.2　1) で説明したように、品質管理のための手順書は計画であり、それを実行するのは現場である。品質管理者は現場で取り組んでいることが、有効であるかをチェックし、うまくいっていない場合は現場と相談しながら改善するといったことを行なう。これら一連の活動のくり返しが PDCA サイクルであり、この PDCA サイクルがうまく回るようにするのも品質管理者の役割である。

クレームなどの原因は現場にあることが多いので、品質管理者は、本質的な原因を見つけ、現場が取り組みやすい、改善策を現場といっしょに考えることで、よりよい品質管理の仕組みになっていくものと思われる。

参 考 文 献

1)　厚生労働省　令和元年 12 月 27 日　食安発 1227 第 2 号
2)　鐵健司：品質管理入門、p.44、日本規格協会（2005）
3)　独立行政法人国民生活センターHP「食品の異物混入に関する相談の概要」平成 27 年 1 月 26 日
4)　田中芳一、丸山務、横山理雄（編）：食品の低温流通ハンドブック、(株) サイエンスフォーラム、pp.50-55、77-97（2001）
5)　加藤舜郎：食品冷凍の理論と応用、9 版、光琳、pp.321-344(1993)
6)　池田正文：日本包装学会誌、**16**（4）、237（2007）
7)　湯澤延和：日本包装学会誌、**16**（4）、247（2007）

（新蔵登喜男・矢野 俊博）

第３章　食品の品質にかかわる工場点検とその方法

はじめに

食品工場の点検は、一般衛生管理とHACCPシステムの取組みや、それらに関連した活動が安全な食品を製造・加工・提供するのに有効かを確認することである。そして、その点検手順は点検目的に応じて決定される。点検者は、製造プロセスの管理基準や手順を把握し、現場が手順通り実施し、目標とする品質の食品が適切に製造されているか確認する。また、適切な手順で実施された点検結果は、経営に役立てることができるし、顧客の期待に応えるための資料にも使える。

食品工場における品質管理の状況は、製品や製造に関する文書（手順書や記録）を見るだけでは正確にはわからない。点検で確認できる情報は、その時点でのサンプリング評価でしかない。したがって、点検者は、文書や観察の一部を見て評価する不確かさのリスクを理解して、点検を行う必要がある。

食品の品質管理手順は、食品の原材料の種類、製造機器、環境（季節・立地・設備・人など）によって決まることから、画一的な管理手順は存在しない。例えば、一口に冷凍コロッケといっても、原材料の産地や収穫時期の違い、工場の立地条件（北海道か、九州か、外国かなど）や作業者の年齢構成などにより、製品の品質が異なってくる可能性がある。しかし、製造する環境要因により、品質に大きな差がでるようでは商品としては成り立たない。そこで、品質規格を定め、その規格になるように製造プロセスをコントロールすることで、常に基準値内に品質が保たれ、顧客に受け入れられるものができあがる。

食品の安全性に関しては、コーデックス（Codex）委員会（WHO/FAO合同委員会）から「食品衛生の一般原則（2020年）」[1)] が出されている。この「食品衛生の一般原則」には、食品製造の各工程についてハザード分析を行い、「生物的・化学的・物理的」なハザードを未然に防ぐための管理基準を設定しモニタリングする一連の体系的な取組むHACCPシステムとその適用について示されている。点検者は点検の手順に関する理解と、ハザードに関する専門的な知識も求められる。

［Ⅰ］ 食品製造プロセスに沿った工場点検

Ⅰ-3.1　点検の3要件

点検者が点検を実施する時に明確にしておかなければならない項目として、①目的、②範囲、③基準があり、これを点検の3要件という。これらが明確になっていない点検は体系的でなく一貫性を欠いた点検になりがちのため、点検結果に対する信頼性が劣ることになる。特に点検の目的を明確にしなければ、点検の範囲や評価基準も定まらない。以下に点検の3要件について解説する。

Ⅰ-3.1.1　点検の目的

まず、工場点検の目的を明確にする必要がある。

工場点検の目的には、「日常の品質管理状況の確認」、「取引先の工場の衛生状態を診断」、「クレーム原因調査と再発防止」などがあるが、それぞれの目的に応じて点検計画を決める。

これらを点検の形態で分類すると、①自主衛生管理としての自己点検（第1者点検）、②取引先との契約条件の確認点検（第2者点検）、③ライセンス取得条件としての点検（第3者点検）となる。したがって、点検項目は目的によって変わり、同じ項目であっても評価基準が異なる。しかし、どのような目的であっても基本的な点検手順は概ね共通しており、特別な場合以外は、①事前準備、②点検計画立案、③工場点検実施、④点検結果に対する評価、⑤点検手順の改善、の手順で点検を進めるのが一般的である。

Ⅰ-3.1.2　点検の範囲

次に明確にすることは、点検の範囲を決めることである。ただ闇雲に工場を隅から隅まで点検することは、時間や人数が限られている場合には効率が悪くなり、目的を達成できないまま点検を終了する結果になる。したがって、このようにならないためには、点検の範囲を決めて、時間内に点検を完了するよう計画的に点検を実施する必要がある。

Ⅰ-3.1.3　評価の基準

点検の目的を明確にし、点検の範囲が決まったならば、点検項目と評価基準を決めることになる。

点検項目は、食品衛生法の管理運営基準や施設基準を参考に決めることができる。例えば、食品衛生法施行規則別表17の施設の衛生管理から点検項目を「施設の内壁、天井、床の衛生管理内容と実施状況を確認する」、「トイレの衛生管理内容と実施状況を確認する」と決めることも考えられる。

しかし、評価基準となると単純には決められない。「内壁、天井、床が常に清潔である」、「トイレが清潔である」とはどのような状態であるのかを考えると、人によって答えが様々であることが予想される。したがって、点検項目に対する評価基準を設定する場合、次の点に注意が必要である。

a) 一般的に点検基準は抽象的な表現が多い（具体的な数値なし、作業・手法について具体的な記載がない）。

b) 点検者は人によって基準に対する認識の差異（解釈、評価の判断、点検対象、管理基準、点検作業内容など）が生じる。

そこで、a) に対しては、できるだけ具体的な点検項目を明確にしてチェックリストの作成と点検実施のマニュアル化を進める。また、b) の問題を避けるためには、「運用によって幅を狭める」作業（業種や規模、作業環境の実態に応じて、点検項目や評価基準を設定する作業）が必要になってくる。「運用によって幅を狭める」とは、点検によって評価の認識に差異が生じた場合、点検する側と点検を受ける側で合意点を探る作業を行うことを意味する。

このようにして運用の幅を狭めることによって、点検者個人の認識の差（評価の違い）を縮めることが可能になる。逆に、このような手順を踏まなければ、点検実施者のバックグラウンドや人格、厳しさや、甘さなどによる影響を受けてしまい、統一的な点検が行えないことになる。例えば、「トイレが清潔である」とは「常に清掃が実施されており、手洗い設備は清潔に保たれ、病原微生物が付着・残存していないこと」とすれば、ある程度具体的な点検実施手順と評価基準が決まることになる。

次に、評価基準の設定について説明する。評価方法には概ね次のようなものがある。

① ○×評価：適用範囲で決定した項目はすべて同じ重要度ととらえ、二者択一で評価する。

【利点】結果がわかりやすく、取り組み課題が明確になりやすい

【欠点】取り組み内容を判断することができないため、不満が出やすい

② 段階別評価：「1・2・3」「A・B・C・D・E」から適切なものを選択し、評価する。

【利点】取り組み内容の程度が評価でき、よりきめの細かい点検結果の提供ができる

【欠点】評価基準が広がるため、点検者の力量に左右されやすくなる。同じ生産現場でも点検者によって評価点数にバラツキが出やすくなる

③ 比重傾斜式評価：基本的には「1」か「0」であるが、微生物危害を防止する目的の管理項目は「2以上」の点数をつけ、評価の重要度に応じた内容にする。

【利点】安全性の取り組みの実態が反映されやすい評価となる

【欠点】区分ごとに傾斜式評価を選定する必要性があり、業種間（企業間）の評価がしにくくなる

このように、点検結果に対する評価方法は種々あるが、それぞれ利点と欠点がある。どの評価方法をとっても必ず欠点はあるので、点検による評価を絶対的なものとして取り扱うのではなく、評価全体の参考資料の一部として利用することが適切である。

繰り返しになるが、評価基準は、点検を実施する側と受ける側でできるだけ納得のいくような基準にするべきであり、前述したように、運用で幅を狭めながら基準を決める場合は、特に「認識」の共有化が必要になる。言い換えると「言葉の共通理解」であり、運用に具体性（対象場所、人員、作業内容、工程、数値化、指標化など）を持たせ、運用によって具体化された要求事項に段階（可／不可）を設けることである。

Ⅰ-3.2　点検の2つの側面

点検は、点検に行く企業が作成した「計画（マニュアル）」と、実際に現場で取り組でいる「運用（実施内容）」を確認する。運用は作業の様子を観察したり、質問をして適正を確認する。

文書点検（document review）では、製造手順書、品質管理手順書、文書管理手順書、記録様式、実施記録などを確認する。

記録は、さまざまな活動の結果を示すものであるが、特に重要な記録に、モニタリング記録、検証記録、改善記録、他がある。

運用内容に関する点検では作業内容点検があり、製造現場において製造工程や品質管理が手順通りに実施、改善されているかを確認する。

Ⅰ-3.2.1　計画内容に関する点検

1)　文書点検

点検を実施する前には、品質管理に関する資料をできる限り取り揃え、計画立案時の参考とする。点検に必要な資料は、①製品説明書（**図3-1**）、②フローダイアグラム（**図3-2**）、③ハザード分析表（**図3-3**）などである[1]。これらHACCPに関する文書は、令和3年6月から全ての食品事業者が基本的にそろえておかなければならないものだが、事業規模や特定の業種で対応方法が異なる場合もある（手引書による場合）。その他の文書に、施設の平面図や作業動線図、微生物の検査データ（原材料・拭き取り・日持ち検査など）や、顧客との契約時に交わす安全性に関する文書、原料取引先から受け取る安全確認証明書、安全性に関係する法令、などがある。

図3-1の「製品説明書」には、製品特性や微生物などの規格基準（出荷時の基準と消費期限・賞味期限時の基準）などが記載されている。原材料の記載は食品表示法にしたがって、アレルギー、GMO、原産国など、遵法性に配慮した書き方が必要である。これはハザード分析を容易にするとともに、点検を実施する場合、それらの内容が参考になるからである。個々の原材料について名称、入手先、流通経路、産地、製造者、収穫または生産時期、契約時の規格基準などを記載した一覧表があるとなおよい。

また、喫食や利用方法、および対象とする消費者についても記載する。妊婦や子供、老

1．製品の名称および種類	もめん豆腐
2．原材料の名称および種類	主 原 料：丸大豆 副 原 料：凝固剤、消泡剤、水
3．使用基準のある添加物の名称および使用量	凝 固 剤：硫酸カルシウム○％（硫酸カルシウム、塩化カルシウム等を使用する場合の基準はカルシウムとして食品の１％以下） 消 泡 剤：シリコーン樹脂○g/kg（シリコーン樹脂を使用する場合の基準は、0.050g/kg以下）
4．容器包装の材質および形態	蓋　　材：ポリエチレンテレフタレート＋ポリプロピレン 成型容器：ポリプロピレン 成型容器に水とともに入れ、密封する（総重量350g）
5．製品の特性	（安全性、保存性に影響するような特性は特にないが、一般的には pH、Aw（水分活性）、糖度、塩分などを記載する。）
6．製品の規格	【自社基準】　法的基準なし 生 菌 数：10^5/g以下 大腸菌群：陰性 黄色ブドウ球菌：陰性
7．消費期限および保存方法	消費期限：製造日より７日 保存方法：10℃以下で冷蔵保存
8．喫食又は利用の方法	生食または過熱して調理
9．喫食対象とする消費者	一般消費者（飲食店にも販売）

図 3-1　製品説明書（記載例）

人および疾病治療中で抵抗力の落ちている人が喫食対象者である場合、健常者に比べてリスクが高くなることから、基準を厳しくするとともに、調理方法や保存方法の変更も検討課題となるためである。

図 3-2 の「フローダイアグラム」は、その商品を製造するために使用されるすべての原材料と、一連の製造工程を示した流れ図で、できるだけわかりやすくなっていなければならない。工場での点検は、このフローダイアグラムの順に進めることが多く、実際に工場に入らなくても、食品の原材料から最終製品に至るまでの工程と、処理方法などがイメージできることが必要である。特に、余った仕掛り品の再利用などは見落としやすいので、フローダイアグラムに明確に記載する必要がある。

また、ハザードを防止するための殺菌工程や、異物排除など重要な管理については、具体的な管理基準のパラメータ（殺菌温度、冷却温度、pH など）を記載する。

図 3-3 の「ハザード分析ワークシート」は、(1) の欄にフローダイアグラムの工程を記入し、(2) の欄に生物的、化学的、物理的な潜在的ハザードを記述する。

ハザード評価はワークシートの (3) 欄で行なう。(2) 欄で記述した潜在的ハザードに対して、(3) 欄で発生頻度と発生したときは重篤性を考慮して、HACCP プランで管理するかどうかをイエス・ノーで評価する。(4) 欄では、(3) 欄で評価した根拠（理由）について

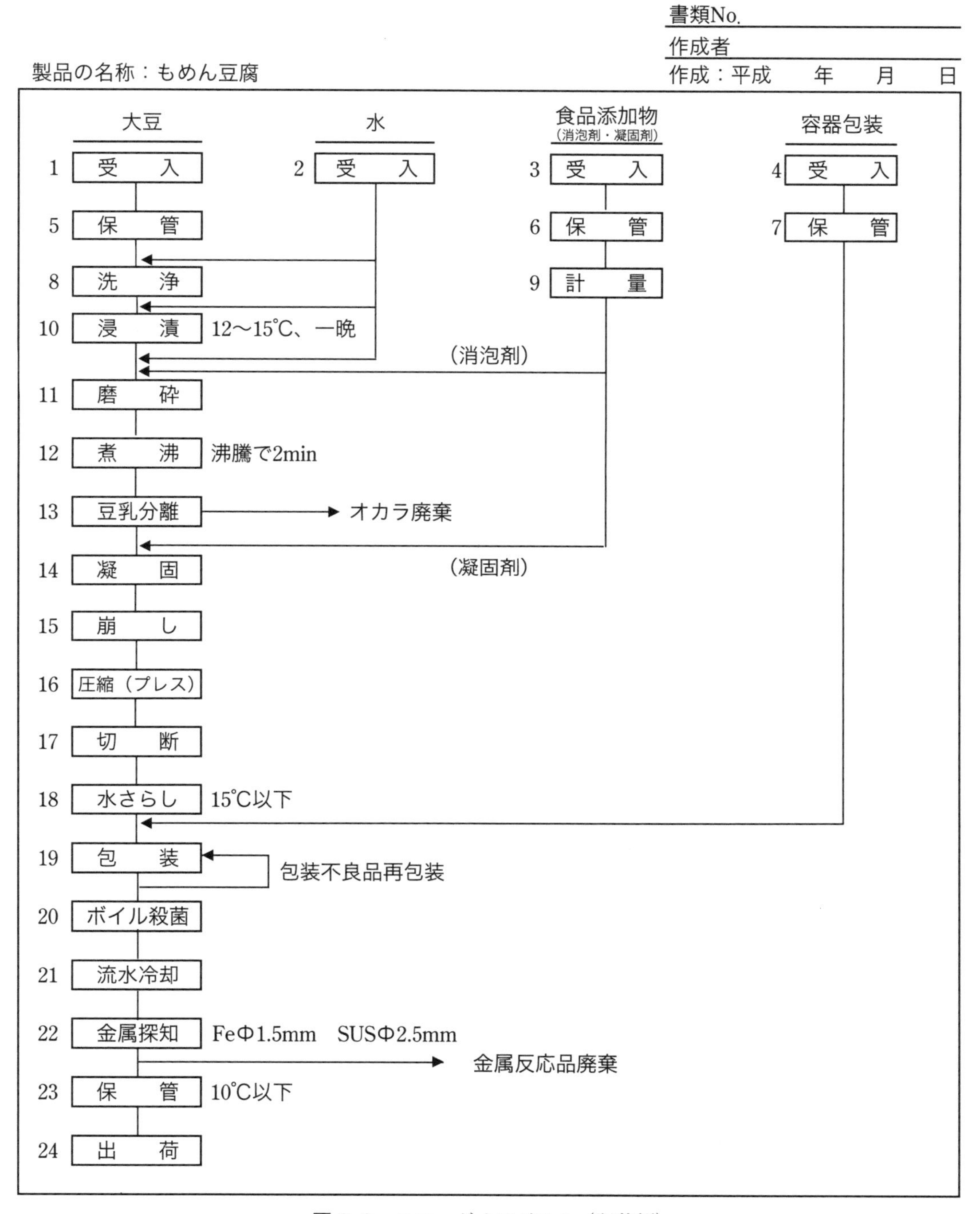

図3-2　フローダイアグラム（記載例）

文書No.

作成者

作成　　年　　月　　日

製品の名称：もめん豆腐

(1)	(2)	(3)		(4)	(5)
段階* ／工程	この工程で、持ち込まれ、増大する管理が必要な潜在的ハザードを明らかにする 生物的： 化学的： 物理的：	この潜在的ハザードはHACCPプランで取り扱う必要があるか？		(3)欄の判断根拠を明らかにする	ハザードを、予防、除去、または許容レベルまで低減するための管理手段（単一／複数）は何か？
		イエス（Yes）	ノー（No）		
1大豆受入	生物的：病原微生物の存在 非芽胞菌 ｻﾙﾓﾈﾗ属菌 病原大腸菌 黄色ﾌﾞﾄﾞｳ球菌 芽胞形成菌 ｾﾚｳｽ菌	 イエス イエス イエス イエス		生産に使用する肥料や自然環境からの汚染が考えられる。また収穫時の土壌からの汚染の可能性もある。	非芽胞の病原微生物は工程(12)煮沸及び工程(22)ボイル殺菌で死滅させる。 芽胞を形成するｾﾚｳｽ菌は工程(23)流水冷却の温度と時間で増殖抑制する。
	化学的：農薬の残留		ノー	農薬残留の可能性はあるが、GAP（適正農業規範）管理している生産者から仕入れる。	
	物理的：硬質異物（石片）存在		ノー	土壌や環境からの混入の可能性は少ないが、工程(8)洗浄で排除される。	
2水受入	生物的：なし				
	化学的：化学物質の存在		ノー	管理されている水道水を使用するので汚染されている可能性は低い。	
	物理的：なし				
工程NO3～11					
12煮沸	生物的：病原微生物の生残		ノー	食品衛生法で沸騰で2分間加熱の規定があるが、実際には10分以上の設定なので、2分間を下回る可能性は極めて低い。	
	化学的：なし				
	物理的：なし				
工程NO13～15					
16圧縮（プレス）	生物的：病原微生物の汚染		ノー	装置からの汚染が考えられるが、適切な手順で装置を洗浄殺菌する。	
	増殖		ノー	圧縮時間は短時間で処理するので、芽胞形成菌が増殖する可能性は低い。	
	化学的：なし				
	物理的：金属部品の混入	イエス		圧縮稼働中に部品が破損し混入する可能性が高い。	工程(22)金属探知で確実に排除する。
工程NO17～19					
20ボイル殺菌	生物的：病原微生物の生残（非芽胞菌）	イエス		水さらしや包装では豆腐を直接手で触るので病原菌が汚染する可能性があり、殺菌に不具合があると生残してしまう可能性がある。	この工程で確実に殺菌するための管理手順（温度と時間の管理）を実施する。
	化学的：なし				
	物理的：なし				
21流水冷却	生物的：芽胞形成菌の増殖	イエス		ボイル殺菌に生残している芽胞形成菌は緩慢に冷却されると増殖する可能性がある。	この工程で確実に増殖させないための管理手順（温度と時間の管理）を実施する。
	化学的：なし				
	物理的：なし				
22金属探知	生物的：芽胞形成菌の増殖		ノー	短時間で金属探知作業が終了するので、芽胞形成菌が増殖する可能性は低い。	
	化学的：なし				
	物理的：金属異物の残存	イエス		金属探知機の不具合で金属片を探知できない可能性がある。	この工程で確実に金属片を排除するための管理手順を実施する。

＊　ハザード分析はその食品で使用される全ての原材料についても行われる必要がある。これは多くの場合、原材料の“受入工程”で行われている。別の手法としては、原材料と製造工程を別々でハザード分析するというアプローチもある。

注記：このハザード分析の表はコーデックスの改訂版（2020）の附属書に示された、diagram2のハザード分析ワークシート例で作成した。

図3-3　ハザード分析ワークシート（記載例）

説明する。そして(5)欄では、(3)欄がイエスとなった場合、その工程で管理するのか、後の工程で管理するのかを記述する。その結果、管理する工程は、HACCPプランを実施することになる。

以上ハザード分析の説明を行ったが、図表の記載例を参照して、読み返してもらうと少しは理解の助けになるかもしれない。

2)　点検で使用する機器の準備

書類以外に点検に必要なものは、温度計や照度計などの測定機器類である。その他にBrix計、pH測定器（または紙検紙）、ATP測定器、デジタルカメラ、拡大鏡、懐中電灯、サンプル袋などがある。ただし、これらを持ち込むことによって新たなハザードや品質クレームの原因にならないよう、衛生的で、落下や接触による破損などが起こらない構造または素材のものを検討する必要があるだろう。

3)　点検計画の作成

点検計画とは、点検目的達成のために、決められた時間（期間）内で点検範囲を点検し、評価できるように決められた行動手順（プログラム）のことである。点検全体をマネジメントする者（点検計画管理者や組織（部や課など））は、点検者が効果的かつ効率的な点検ができるようプログラムを策定、実行、評価し、点検計画の有効性を確認する必要がある。この点検計画の質が、点検全体の成果を左右することになる。

適切に計画された点検によって得られる結果が、必ずしも期待通りのものになるとは限らない。点検では、点検者によるハザードの評価や、工場で実施されている管理が適切かどうかの判断が求められるが、点検者にその力量がなければ、点検結果から得られた評価は信頼性がないことになる。しかし、あらかじめ数値化できる点検項目であれば、決められた手順通りに点検を行うことで、点検結果への信頼性は高まる。例えば、ATP拭き取り検査、微生物拭き取り検査、照度測定、温度測定など、客観的評価ができるものを点検項目にすることである。もし、数値化しにくい、感覚的評価を採用するのであれば、その基準を点検する側と受ける側で了解しておくことが重要である。

Ⅰ-3.2.2　運用内容に関する点検

1)　点検のスタート時

次に、具体的な点検手順を解説する。点検のスタート時には、事前に入手した製品特性やフローダイアグラム、ハザード分析結果を理解していることが必要である。可能であれば、いくつかの資料は現場に持ち込み、照合・確認することが望ましい。確実な点検を行うためには、点検計画時に点検チェックリストを作成し、点検漏れがないようにしなければならない。

さらに、現場での聞き取り情報を記録するための筆記用具や、問題箇所を撮影するデジタルカメラなどが必要になる。特に、写真は多くの重要な情報を含むことから、点検のツールとして多用されるようになってきている。しかし、点検で知りえた情報は、企業ノウハウや作業者自身のプライバシーなどの観点から、取り扱いは慎重にすべきである。

工場点検を実施する際には、事前に点検の3要件（目的・範囲・基準）を被点検者に説明しておく必要がある。受ける側が点検の目的や範囲、点検項目の評価基準などを知ることは、自社の問題点把握や改善を進めるうえで参考になるはずである。

2)　サンプリング手法の検討

次に、点検はサンプリングであることを被点検者に周知する。限られた時間と人数ですべてのプロセス･文書･活動を点検･調査することは不可能である。点検を実施するときは、点検項目を評価するための対象を、同質な母集団から抽出することになる。それが、サンプリングである。

点検は連続した製造の一部を切り取った部分での評価であり、点検のみですべてを評価するには限界がある。点検による評価結果は、変動する可能性のある要因を、あくまでも現時点で評価したものであることを、点検する側も受ける側も理解している必要がある。

点検全体に要する作業量（時間）と質は、点検の重要性と費用対効果（経済性）を考慮し決定されるべきもので、点検者と被点検者との協議で決まる。各調査項目に対してサンプルの採取方法を指定する基準があればよいが、プロセス・技術内容・文書・記録の特異性、生産形態、品質管理手法は企業により異なるので、どの企業にも当てはまるようなサンプリングの標準化はきわめて困難である。そこで、一般に用いられる手法は、豊富な経験を持つ点検者が、与えられた時間を各項目の重要度に応じて合理的に配分（サンプリングの指示）する方法で、サンプリングは配分された時間により決まる（時間配分方式）。

一方、点検対象の重要度に基づき検定の有意水準を設定する方法がある。以下に示すように、サンプリング方法を指定し、不適合の割合を予測する合理的な方法である。

① 母集団と層別サンプル

対象の母集団（点検対象の全体）を明確に識別する。母集団が等質で意義ある複数の層で構成されている場合は、層別サンプルを試みる。例えば、蜂蜜のドラム缶内の抗生物質濃度が偏っている場合、上層部・中層部・下層部からそれぞれサンプリングし、それぞれの値を平均する手法である。

② ランダムサンプリング

一般的に実施されているサンプリング手法である。サンプリングは1回で終わるため、抽出したサンプルは、母集団の状態をできるだけ忠実に代表できるように採取しなければならない。ランダムサンプリングは、母集団の中の各単位体が所定の確率で選択される機会を有するような採取方法である。例えば、あらかじめ番号をつけた1,000個のみかんの中に、基準値以上の防黴（ぼうばい）剤が残留している確率を調べるときに、3桁の乱数表を用いてサンプリングする、などである。

統計学に基づいたサンプリング手法を適切に行えば、客観的な評価が得られることになるので、サンプリング手法は十分に理解しておく必要がある。

Ⅰ-3.2.3　実際の点検のポイント

1)　ウォークスルー

実際に工場に入り、原料の受け入れから順番に点検することを「ウォークスルー」という。このウォークスルーは、生産現場の見学とは違い、プロセスの流れ、管理の状態、場内の雰囲気などを素早く把握して、点検方針を固めるのに役立つ。この場合、無関係な部署の点検や、被点検者の技術的説明に時間を割くことは避けるべきであり、品質管理のためのポイントが適切に実施されているかを中心に点検することが大切である。

実際に点検を行うと、「手順書はあるが、その通りに実施されていない」など、不備な点が散見され、ひとつひとつ詳細な確認作業を行っていると、計画通りに終了しないことがある。したがって、見逃してはならない点を念頭において、それ以外は単純に事実だけを記載など臨機応変に対応することが大切である。

2)　食品の安全性確認

食品の安全性についての点検は、①管理項目および管理手順における欠陥の有無、②決定された管理項目や手順と行動との相違点、③ハザードの見落しや新たなハザード発生の可能性、④作業環境・設備は衛生的か、⑤コンプライアンスを遵守しているか、⑥機能性（おいしさ、形状、効果効能など）が保持されているか、⑦経営者や従業員に対する教育内容（品質管理を支える重要な項目）、などが項目として考えられる。

3)　確認すべき品質管理項目の把握

また、第２章で示した品質管理ポイントは一般的な管理内容であり、それぞれの企業の製造状況により管理ポイントが異なる。したがって、点検者は形式的に工場の製造工程を見ていくのではなく、その製造の実態に応じて点検のポイントを見つけ出すことが求められる。点検者が食品工場の点検に慣れていない場合、点検ポイントを見つけ出すのは難しいかもしれない。そのような場合、点検者はハザード分析の手法を使い、生物的･化学的･物理的なハザードと管理手順など点検のポイントを中心に点検するとよい。

4)　品質管理手順実施の現場確認

確認すべき品質管理項目が明確になったら、次は、品質管理手順が適切に実施されているかを現場で確認する。現場は長期間同じように製造を続けていると管理がマンネリ化し、記録なども形骸化しやすい。管理手順を常に見直し、従業員教育を継続的に実施し、形骸化しないように取り組んでいるかを確認することも非常に重要である。

Ⅰ-3.2.4　原料受入工程での点検

1)　受入管理手順を観察する

原料受入工程での点検は、受入担当者の管理手順を観察するとともに、温度など記録された内容がその通りかどうかを実際に測定し確認する。このとき、点検者が測った温度と受入担当者が測定した温度に違いがあれば、温度計の精度に問題があることになる。同様に、他の品質管理のポイントも比較確認することが重要である。

また、受入管理基準を逸脱している場合の対処方法についても、適切に逸脱時の手順が実施されているか確認する。例えば、受入温度の基準が15℃以下で、受入記録に18℃と記載された原料があった場合、手順通りに、返品や、廃棄といった処理がとられたかを確認する。さらに、基準逸脱となった原因と、再発防止対策についても確認しておく必要がある。

2) 記録簿の確認

現場の記録以外に、事務所に保管してある過去の記録を確認することも重要である。1ヶ月から数ヶ月分の記録を見ると、いつも同じような数字（温度など）が同じような字体で記載されている場合や、ファイルされている記録用紙がどれも新しく、汚れていないことに気づくかもしれない。このような場合、工場全体の管理が形骸化している可能性があるので、教育画計と実施記録、管理者の指導内容や、マネジメントについて確認すると、問題の本質が見えてくるかもしれない。

Ⅰ-3.2.5 保管工程での点検

1) 温度の確認

保管工程で、保管品の温度を直接確認することは重要である。

実際の温度記録を確認し、微生物の増殖が抑制されているか判断できる資料があるか確認することも大切である。

また、冷蔵庫などの冷却装置の温度表示をそのまま信用せず、そこに設置されている温度センサーが正常に動いているのかを確認する必要がある。確認方法は、センサー部分を直接素手で握り締め、変化がないようであれば、センサーに支障が出ていると判断できる。

2) 交差汚染の確認

交差汚染は原料の不適切な保管や、保管に使用するには不衛生な容器使用、および作業者の不適切な原料（製品）の取り扱いによって発生することがある。例えば、汚染物を触った人が手洗いなどの適切な処置を行わず、加熱済みの食品を取り扱う作業をすると、手から食品へ病原微生物などが汚染するといった場合がある。作業者の不衛生な取り扱いで食中毒につながった事例が多くあるので、交差汚染の危険性が高くないかしっかりと確認しなければならない。

3) 保管庫内の確認

保管庫内は、常に清潔にしておかなければならないが、清掃しにくい棚の裏とか整理・整頓ができていない場合、そ族昆虫の生息場所になりやすい。点検するときは、そ族・昆虫が生息している痕跡がないか、注意して確認する。

また、原材料や製品の保管中に化学物質の臭いが移り異臭問題を引き起こすこともあるので、リスクの高い化学物質がないか確認する必要がある。特に、生乳（牛乳）などは空気中の臭いを吸着しやすいため、保管庫内に揮発性物質（例えばシンナーなどの化学薬品類）がないことをチェックする。

Ⅰ-3.2.6　計量工程での点検

1)　計量記録を確認

計量工程での点検は、作業ミスが起きにくい手順で計量しているか直接観察したり、計量記録を確認する。

製造バッチ（1回分の製造）の計量記録や、抜き取り検査（pH、官能検査など）結果を見せてもらい、手順通りの作業が行なわれているか確認する。また、計量ミスに気づいたときの対処法が適切であるかも確認する。

2)　適切なサンプリング

食品添加物を含む原材料がどの製品にも均一に配合されているかをチェックする。例えば、漬物類や塩辛などは塩分コントロールが重要な品質管理項目であるが、漬物などを大量に製造する施設では、1バッチが100kg単位になることもあり、すべてを均一な塩分濃度に仕上げるのが難しい場合がある。ドレッシングのような液状のものだと均一にすることができるが、手で少しずつ塩を振り掛けるような製造方法を採用している場合は、塩分が不均一になりやすい。その結果、製品内での味のバラツキや、塩分の薄い製品（部分）での病原微生物の増殖、腐敗菌などによる製品膨張が発生する危険性が生じる。

このような製品間の配合のバラツキがないかを調べるには、適切な点検時のサンプリングが重要になってくる。適切なサンプリングは、その製品の特性と、製造方法を把握し、どこの何を点検すれば良いのかを考える必要がある。

Ⅰ-3.2.7　加熱工程での点検

1)　温度と時間の管理を確認

加熱工程での点検は、加熱温度と時間の管理が適切であるか（妥当性）を確認する。

加熱は、食品の品質（風味など）に良好な作用を及ぼす調理目的や、食品安全を確保する殺菌目的で行なわれている。加熱工程が殺菌目的で行なわれている場合には、科学的な根拠に基づいた殺菌条件を管理基準としているかを確認する。一般的には、加熱温度と加熱時間で管理している場合が多いが、色などの感覚的基準を採用していることもある。また、食品衛生法で加熱条件が規定されている場合は、法律の基準が優先される。

殺菌を目的とした加熱工程は、特にしっかりと点検する必要がある。ここで加熱不良があれば、最終製品に病原微生物が残存し食中毒などが発生する危険性が高くなる。したがって、点検者は設定された加熱条件で病原微生物などを確実に排除できていることを示す根拠となる文書（法律、ガイドライン、細菌検査記録、その他）を確認しなければならない。

もし、科学的根拠がなく、経験だけで加熱しているようであれば、点検者自ら判断しなければならないかもしれない。点検者には、病原微生物を含めたハザード管理の幅広い知識が求められる。

2) 手順の現場確認

以上のことを踏まえて、点検者は作業現場で確認するわけだが、特に現場でしか確認できない、作業の観察や、ヒアリングによる情報収集をしっかり行う。

例えば、加熱条件を逸脱した場合の対処方法、機械のトラブルの有無と、トラブル発生時の仕掛品や製品の処置方法、さらには改善・是正措置などについて質問し、あらかじめ確認しておいた手順と同じであるか判断する。確認した内容は必ずメモに残す。

3) 装置の校正

さらに、加熱温度と加熱時間を測定する機器（温度センサーやタイマー）の校記録を確認する。温度センサーやタイマーなどの誤差が管理基準に対して許容範囲であるか、正常品と交換が必要なのか判断をする。もし、適切な校正が行なわれず、点検によって殺菌基準を逸脱していることがわかったら、製品の安全性について検証することが必要になってくる。その結果、製造を中止し、製品を回収するといった最悪のケースも考えられるので、点検者はあらゆるケースに対応できるスキルを身につけておくことが望ましい。

Ⅰ-3.2.8 冷却工程および凍結工程での点検

1) 冷却・凍結設備の確認

冷却工程や凍結工程での点検は、設備からの微生物汚染や異物混入の可能性があることを意識し使用する設備が衛生的であるか確認する。例えば凍結装置内部はマイナス温度なので微生物が増殖することはないが、そのため清掃がおろそかになり、食品残渣などが蓄積しやすく、異物混入しやすい環境となっていないかといったことを注意して点検する。

また、冷蔵庫や冷凍庫内での微生物汚染のリスクがないかも確認する。冷蔵庫内は冷却機には霜を溶して水を排水する排水管がついているが、この排水管の内部がカビ等で汚染され、庫内全体に微生物の汚染を広げることがある。このように、温度が低い環境でも、微生物が繁殖し、汚染する危険性は必ずあるので、点検者はこの点に注意する必要がある。

2) 微生物制御ができているか

次に、微生物の増殖が抑制できているかについて確認する。食品原材料の中には、重篤な食中毒を引き起こす *Clostridum botulinum*（ボツリヌス菌）や *C. perfringens*（ウエルシュ菌）などの、熱に強い芽胞形成菌がいる可能性がある。病原性大腸菌やサルモネラ属菌などは、80℃で 20 分も加熱すれば確実に死滅するが、芽胞形成菌は 100℃で 20 分間加熱しても芽胞が残存する場合があり、その場合、条件がそろえば再び発芽し増殖することができる。完全に殺菌するには 120℃で 4 分間以上の加圧加熱処理で可能だが、そうざいを含む多くの食品ではおいしさなどの品質を損うため 120℃、4 分といった加熱は現実的でない。そのため、加熱後はできるだけ早く冷却し、菌の増殖を抑える管理手法をとっている。点検時には、耐熱性の芽胞形成菌をコントロールする基本的な管理手段と管理基準を理解しておくことが重要である。

3)　装置の精度を確認する

冷却や冷凍工程での点検は、冷却や冷凍の管理基準が国内外のガイドラインや法令で示された科学的なデータに基づいていることを確認する。冷却装置（連続式冷却装置を含む）の温度センサーやタイマー、ベルトコンベヤーの速度などの精度を調べた校正記録なども確認する。また、設定温度と冷却庫内の温度にズレがある場合、センサーの位置が庫内全体の温度を適切に反映していないことが考えられる。この場合、庫内に置かれた食品の位置で冷気の流れに片寄が生じていることも考えられるので、運用面の適切さも確認する必要がでてくる。

4)　冷媒と冷却容器

冷媒を使った冷却工程の点検は、直接製品に冷媒が混入する危険性がないことを確認する。特に、冷水を使用する場合は「食品製造用水」の水を使用しなければならないので、水質検査結果を確認する。また、冷却水を循環させながら、何度も使用していると微生物に汚染される危険性が高まるので、冷却水が製品に混入しないよう管理されていることを確認しなければならない。また、容器などに製品を入れて冷却する場合、内部の空気が冷やされ、減圧状態になると容器キャップから水が浸入することがある。点検者はこのようなことが起こる可能性を判断し、もし可能性があるなら、冷媒の混入防止と、混入してしまった場合の製品の検品・排除の手順が適切であるかを確認する。

また、冷却効率を高めるために、麺やハム・ソーセージなどはブライン（食品添加物用のアルコールなど）に直接浸漬し冷却・凍結することがある。この場合、ブラインが危害物質（アレルゲン物質を含む）に汚染されていないことを確認しなければならない。

Ⅰ-3.2.9　包装工程および異物排除作業の点検

1)　包装工程での確認

包装工程の点検は、包装のシール状態のチェック手順と実施状況及び、賞味期限などの日付のチェック手順や記録を確認する。その他、カビ対策や変色防止目的に脱酸素剤を使用している場合、確実に脱酸素剤を入れているか、その脱酸素剤の効果をどのようにチェックしているかといったことを確認する。

2)　異物排除工程の確認

異物排除工程の点検は、装置の仕組みを理解し、現場で操作手順と有効性を確認する。異物排除装置は目的に応じて様々な機能をそなえたものがあり、金属であれば金属検出機、プラスチック片やガラス屑、石などであればX線検査機が一般的である。

その施設が金属検出機を使用している場合、装置が動作チェックをしているか確認する。

動作チェックとは、金属片やプラスチック片の代わりに、同質の材質でできた1.0mm前後の球形サンプル（テストピース）を製品と一緒に金属検出機にかけ、テストピースを検出し適切に排除されるかを確認する。点検では必ず、実際に販売している商品を使って動作チェックを行い、確実に排除されるか確認することが重要である。

さらに、装置のメンテナンス記録や、装置の故障または検出精度の低下でテストピースを検出できなかった場合の是正措置や、装置が正常に機能し食品中の金属異物を排除した場合、排除品をどのように管理して、正常品と区別しているのかも確認する。

I-3.3 点検者の姿勢

点検は1人で実施する場合もあれば、複数人で実施する場合もある。チームで点検を実施する場合、リーダーはチームメンバーが計画通り点検作業が進んでいることをタイムリーに確認する。点検者は、点検で判明した懸念事項を記録に残し、点検終了時の報告で、具体的な事実に基づいて懸念事項を伝える。このとき被点検者（企業）から疑問点や不明点があれば真摯に受けとめ誠実に答える姿勢が大切である。これによって、点検者と被点検者間の見解の相違などを解決することができる。どのような点検であっても、報告書で問題点を送りつけるということだけでは十分な点検とは言えない。

また、点検者の独断的な評価の押し付けとならないようにしなければならない。このようなことから、点検者には次のような個人的資質が求められる。

・偏見がないこと／先入観を持たないこと
・思慮深いこと／論理的であること
・粘り強いこと／探究心が旺盛なこと
・現実的に物事を考えられること／飛躍しないこと
・慎み深いこと／でしゃばらないこと
・分別があること／常識的に行動できること
・分析力があること／文書・数字に慣れていること
・直観力があること／騙されないこと
・理解力があること／協調性があること
・積極的であること／目ざといこと
・異なる観点や考え方にも耳を傾けられる寛容さがあること

しかし、これらのことを完璧にできる点検者は少ないだろう。点検者は、自身が傲慢にならないための指針として心に留め置くのが良いと思う。

Ⅰ-3.4　点検者と被点検者の関係

効果的な点検のためには、被点検者との間に信頼関係がなければならない。点検を受ける者は評価される側であることから、どうしても点検に対して構えてしまうことがある。特に、初めて点検を受ける場合はなおさらである。このような緊張関係を改善するには、点検を実施する前に会議や打ち合せで、点検の主旨（目的）説明をしっかり行い、点検は結果的にメリットがあるということをていねいに説明し、点検への理解を得ることが重要である。信頼関係が基本となって点検が実施されるとき企業に大きな利益をもたらすであろう。

参考文献
1)　コーデックス「食品衛生の一般原則」CAC/RXP 1-1969, 2020年改定

（新蔵登喜男）

［Ⅱ］　製造環境にかかわる工場点検

Ⅱ-3.1　衛　生　管　理

Ⅱ-3.1.1　衛生管理の意義

食品事故や苦情をみると、製造環境の不備や工程での単純ミスに起因する品質不良が多い。取引先や消費者の要求は高まるばかりで、不良に対する反応は驚くほど厳しくなっているのが現状である。こうした不良は、時として重大なトラブルにつながってしまうことがある。企業防衛のためには、HACCPシステムによる安全管理とともに、こうした事故・苦情の防止、あるいは低減が不可欠である。そのためには、衛生管理、工程管理の体制をしっかりと整備しておく必要がある。

食品事故・苦情の多くは、施設や製造ライン、作業者の衛生管理不良に起因している。特に、異物混入や微生物汚染は食品の周辺環境に由来するものが多く、その防御のためには、周辺環境を常に衛生的に保つことが要求される。したがって、異物や微生物を制御するためには、プロセスを管理することが重要となってくる。清掃など日常業務として位置付けられるものほど慣れが生まれ、その目的・意味が希薄になりやすい。また、本来忙しい時ほどその重要性が増すにもかかわらず、実際には手抜きが生じることがある。そのようなことがないよう、食品に対する影響度を十分に認識して、衛生管理の仕組みを構築し、プログラム化しておくことが強く求められる。

これらの不良の多くは、ヒューマンエラーである。ヒューマンエラー防止対策としては、人が間違いやすい部分（工程・方法など）を把握し、対策を立てることが重要となる。

Ⅱ-3.1.2　衛生管理の基準

1)　食品加工施設のGMP

GMP（適正製造規範）は、安全な商品の生産に必要とされる適切な衛生環境を維持するための「基本的な条件や活動」を示すもので、食品工場を運営するための必要条件、あるいは指針として位置付けられるものである。わが国では、平成16年2月に策定された「食品等事業者が実施すべき管理運営基準に関する指針（ガイドライン）」（平16.2.27食安発0227012）および各種の「衛生規範」がこれにあたる。GMPは、求められる製造環境およびその維持管理のために必要な要件を示したものであり、その実現のため、各製造・加工施設や生産品目にあった衛生管理プログラムを整備する必要がある。GMPとしては、前述の規範だけでなく、各業界でのGMP、あるいはCodexの示す「食品衛生の一般原則」[1)]、FDA適正製造規範などがあり、衛生管理プログラムとして参考にすることができる。

厚生労働省が規定した「衛生規範」には、①弁当及びそうざいの衛生規範（昭54.6.29環食161）、②漬物の衛生規範（昭56.9.24環食214）、③洋生菓子の衛生規範（昭58.3.31環食54）、④セントラルキッチン／カミサリーシステムの衛生規範（昭62.1.20衛食6の2）、⑤生めん類の衛生規範（平3.4.25衛食61）がある。

2)　整備すべきプログラム

食品工場における衛生管理において基本とすべき要件は、作業環境（施設・設備、排水、空気、廃棄物など）や人、虫・ネズミからの汚染防止と、それぞれによる交差汚染防止、使用水や有毒物質からの汚染防止、また、作業場・保管場の適切な温湿度管理などである。これらの基本要件を満たすために必要な管理事項を**表3-1**にまとめた。

Ⅱ-3.1.3　従 事 者

食品の汚染は、外部からの汚染物質の持ち込み、作業場内での交差汚染の媒介などが要因となるほか、作業に従事する人が汚染源となる。人からの汚染リスクとその管理ポイントを**図3-5**に示した。

製造工場へ入退室する際には、靴の履き替えや、更衣室における服装や身だしなみ、毛髪除去のための粘着ローラー掛け、工場への持ち込み品、手洗いなどについての手順と基準を明確にする。また、健康管理としてケガ・体調不良時の届け出の基準と定期的に検便を行う場合の基準などを明確にする。

各工場に応じた管理基準を設定し、その基準を守るためには監視を行うことが不可欠であり、その方法や手順についての基準も必要となる。

Ⅱ-3.1.4　施設・設備器具

1)　施　設

食品の汚染は、施設環境の影響が大きい。どんなに理想的な施設であっても、求められる衛生環境にない施設は意外に多い。これは施設を過信し、5S（整理・整頓・清潔・清掃・躾）・保守といった衛生の基本を軽視した結果である。このようなことがないよう施設の衛生水準が維持できる管理体制を確立し、推進するためのプログラムを構築しておくことが重要である。

2)　設備・器具

製造設備・器具の衛生状態は、直接食品の品質に影響する。衛生面はもとより食品残渣などの異物、虫の発生、移り香など、食品苦情の多くが製造ラインに起因している。また、アレルギー物質（アレルゲン）のコンタミネーションも、重要な管理ポイントとして位置付けられる。製造設備・器具の衛生管理は、①交差汚染防止、②微生物の増殖防止、③異物要因の排除、④アレルゲン・添加物などのコンタミネーション防止、⑤設備の正常稼動、⑥設備・器具の劣化防止などを目的として行う必要がある。

これらの目的を達成するには、設備・器具のサニテーション（清掃・洗浄・殺菌）とメンテナンス（保守点検）についての管理プログラムを構築することが不可欠となる。特に、日配商品などの微生物制御が重要となる製造ラインでは、サニテーションによる微生物汚染防止が重要な管理項目となる。このため､計画性をもってサニテーションの検証を行い､その結果に基づく管理手法の構築が必要となる。これらの管理項目については、SSOP（衛生標準作業手順書）として、別途管理基準を規定することも重要となる。

衛生上重要な設備や器具などについては､作業方法だけでなく､その目的やサニテーションやメンテナンスについての仕上がり度までを明示しておく。できるだけビジュアル化するとともにポイントを中心に記載することで、従業員の教育・指導の資料として位置付けることができる。特に微生物的な清潔度を要求される場合には、拭き取り検査、製品検査などを行って、実態を把握しておく必要がある。

Ⅱ-3.1.5　防そ・防虫

そ族や昆虫防除は、食品の取り扱いにおいて避けては通れない事項である。しかしながら現状では、知識や技術の不足、コスト面での問題から、業者任せにしていることが多い。そ族や昆虫の侵入・発生の対策は、調査やモニタリングにより状況を把握し、その状況に応じた対策を講ずることが必要となる。

防そ・防虫対策プログラムは、①侵入や発生を防ぐ環境整備、②モニタリングに基づく環境維持、③殺そ・殺虫、④防そ・防虫の教育について構築する必要がある。すべてを自社で行う必要はなく、自社で行う範囲と業者に委託する範囲を取り決め、組織的・体系的に管理することが望まれる。

これらのプログラムの管理事項としては、補虫器・トラップの設置基準（場所・台数など）とその管理、各種モニタリングの方法（頻度・解析方法など）と結果の評価基準、薬剤駆除を行う際の基準（使用薬剤の規定・駆除を行う場所の制限など）、薬剤の管理規程、防そ・防虫設備の設置基準と管理規程、異常時（トラブル発生時など）の対応基準、記録様式などがある。また、業者へ委託した場合、モニタリングや現場点検についての調査結果報告書が提出されるが、その内容とレベルは統一されていないので、事前に十分協議しておくことも必要である。

Ⅱ-3.1.6　有毒化学物質

食品にかかわる施設では、使用方法を誤ると健康や環境に影響を与える薬剤などを使用する場合がある。施設で使用される化学物質を大別すると、次のものがあげられる。

①農薬・抗生物質・ホルモン剤などの、栽培や養殖の際に使用する薬剤、②食品添加物（使用基準超過は食品衛生法違反となる）。また、食品製造において食品を間接的に汚染する可能性のあるものとして、③洗浄・殺菌剤、④防そ・防虫用薬剤、⑤燃料・潤滑油など、⑥ユーティリティ設備に使用する薬剤（ボイラー用薬剤、排水処理用薬剤など）、⑦分析用試薬、⑧施設などのメンテナンスに使用するもの（塗料・接着剤など）がある。

これらは使用量、使用方法を管理することは当然のこと、誤使用や混入防止、作業者の安全管理からも、区分・取り扱い・管理を徹底することが重要である。

これらの化学物質が食品、作業者、環境を汚染する要因として、①誤使用、薬剤の不適正使用、②使用範囲・頻度の誤認、③使用量誤認、④作業ミスによる混入、が考えられる。その防止措置としては、使用区分・保管区分を明確化することや取扱責任者を明確にすること、適正使用法を遵守することが必要となる。特に化学薬品などの危険物については、保管管理あるいは在庫管理まで要求される。

Ⅱ-3.1.7　使 用 水

水は原材料として使用されるのみでなく、洗浄や冷却、加熱など直接的あるいは間接的に使用され、食品の安全性に影響する。わが国では他国と比較して、供給される水道水などの安全性は確保されており、井戸水であっても行政機関により厳しい規制・指導が行われ、使用水に起因する事故はほとんどない。しかし、食品関連施設においては「水は安全なもの」という認識を捨て、安全性を確保するという視点に立って管理を行うべきである。

食品の加工に使用する水は、基本的には「食品製造用水」の水でなければならないが、その水道水（簡易水道を含む）をそのまま使用する、水道水を貯水し使用する、井戸水を貯水し使用するといったケースが考えられ、管理方法はそれぞれ異なるので注意する。

管理内容は、①井戸水であれば、その水質が水道法の基準に適合していること、②末端給水口において、残留有効塩素濃度が確保されていること、③貯水槽の衛生が維持されていること、④配管設備からの汚染がないこと、である。さらに、食品の原材料に直接触れる氷や蒸気については、氷では加工における汚染防止、蒸気では配管などからの有毒物質汚染防止に配慮しなければならない。

なお、水質基準や氷雪の規格基準および給水設備については、水質基準に関する省令（平成15年5月30日厚生労働省令第101号）、食品衛生法施行規則（昭和23年厚生省令第23号）および食品、添加物等の規格基準（昭和34年厚生省告示第370号）により定められている。

Ⅱ-3.1.8　食品等の取り扱い

食品を取り扱う上で、微生物汚染、異物混入、品質劣化などのリスクを排除するには、人や作業場・製造ラインの衛生維持のほか、原材料の安全性確保、交差汚染防止、適正環境での作業・保管が重要となる。適正環境の確保と維持のためには、①衛生的な（交差汚染や滞留のない）ゾーニングとレイアウトおよび動線の確保、②作業場・保管場の清浄度の維持管理と適正温度（湿度）管理、③その他の環境（照度など）の維持管理が必要となる。また、原材料の入荷検品と適正な保管や工程作業においては、人・器具・設備などを介する交差汚染の防止、食材の衛生的な（劣化や汚染のない）保管についての管理方法を明確にしておく必要がある。

Ⅱ-3.1.9　食品工場におけるカビ対策

Ⅱ-3.1.9.1　カビ防御に必要な基礎知識

1)　カビとは

カビは、酵母やキノコと総称して真菌と呼ぶ。カビは糸のような菌糸と小さな種のような胞子で形成され、菌糸の先端から栄養や水分を吸収して成長し、胞子によって飛散・増殖する。この胞子はカビの種類により様々な形があり、カビの色はほとんどが胞子の色によるものである。

2)　カビの生育条件

カビの生育条件には温度・湿度・酸素・栄養分が必要不可欠で、それらに適した一定の条件が揃うと一斉に繁殖し、製造エリア内を汚染する。特に高温多湿になると驚異のスピードで生育しながら製造エリア全体に蔓延し、製造ラインや製品などを汚染する。一般にカ

表3-1　衛生管理基準として整備すべきプログラム

1.	従事者の衛生管理
2.	作業区分・作業動線
3.	施設の衛生管理（清掃、保守点検）
4.	設備器具の衛生管理
5.	設備器具の保守点検
6.	食品などの衛生的取り扱い・保管（汚染対策、温度管理）
7.	そ族昆虫の防除対策
8.	薬剤・洗浄などの取り扱い・管理
9.	使用水の衛生管理
10.	廃棄物などの衛生管理

ビは相対湿度65%を超えると発育しやすくなり、80%を超えると増殖が早まるため、湿度60%以下に保つことができればカビの増殖を防ぐことが可能になる。

3)　食品工場で見られる代表的なカビ

①クラドスポリウム属（クロカビ）

土壌、穀類やその加工品、豆類、ナッツ類、香辛料などに分布する。空中浮遊菌として検出される頻度が高く、低温耐性の種があり、冷蔵庫や食品保冷庫内の壁面を黒くする。発生集落は暗褐色からオリーブ色を呈する。

②ペニシリウム属（アオカビ）

土壌、生鮮果実・野菜、穀類などの農産物、香辛料、乳製品などに分布する。比較的乾燥に強いカビで、飲料を汚染することも知られており、生態は多様である。発生集落は黄緑色から青緑色を呈し、ペニシリと呼ばれるほうき状の構造（分生子柄）を持つ。

③アスペルギルス属（コウジカビ）

土壌、穀類やその加工品、豆類、ナッツ類、香辛料、乾燥食品などに分布する。種によって集落の色調や性状が著しく異なり、白色、緑色、黒色、黄色、赤褐色など様々である。多量の胞子を産生し、なかにはカビ毒を産生する種もある（例：*Aspergillus flavus*－アフラトキシン）。

④ワレミア属（アズキイロカビ）

土壌、穀類、貯蔵農産物、甘味菓子、高糖性食品、ジャム、佃煮などの低水分加工品などに分布する。まんじゅうやようかんなどの高糖性食品を汚染する好稠性カビである。発生集落は特有のあずき色やチョコレート色を呈し、他のカビに比べ小さく、汚染する食品の色とよく似ており気付きにくいため注意が必要である。

Ⅱ-3.1.9.2　食品工場におけるカビの実態

1)　カビが食品に引き起こす問題

食品工場にとってカビの発生は、製品への異物混入問題を引き起こす。また、クレーム

人による汚染リスク	
異物混入（人由来）	毛髪（体毛） その他（爪、歯など）
異物混入（持ち込み）	衣類、装飾品など その他
微生物汚染	腸内病原菌 黄色ブドウ球菌 手指等を介した汚染 外部からの汚染の持ち込み

⇒

管理事項	求める水準
・服装 ・手洗い ・毛髪対策 ・健康管理	・人由来の病原菌から防除されていること ・手指等を介した交差汚染が防止されていること ・異物要因の持ち込みがないこと ・毛髪落下、混入を防止できること ・外部からの汚染が防除されていること

図3-5　人による汚染リスクと管理ポイント

の原因となるだけでなく、製品そのものや建物自体を劣化させる原因ともなる。さらに、カビが産生するマイコトキシン（カビ毒）は健康被害の原因となることも分かっている。

製造エリアでのカビの発生は、チャタテムシやヒメマキムシといった食菌性昆虫の発生を促進させる。また、発生したカビは目に付きやすいため、監査や査察の際に指摘事項となりやすい。したがって、食品工場ではカビの管理は非常に重要なものと言える。

2)　カビの汚染源と汚染経路

① 原材料からの汚染

カビの汚染レベルが高い小麦粉など穀粉類や香辛料などを使用する工場は落下菌数の増加を招き、製品がカビに汚染される原因となる。特に製パン工場や製菓工場では小麦粉などの穀粉の計量時や生地製造の際に飛散し、周囲の浮遊菌数の増加を招きやすい。水産物は海や河川中の水系カビに、農産物は土壌カビに汚染されている可能性が高く、これらは粉体と違いカビの飛散は少ないが、保管容器や従業員の手指を介しての汚染や洗浄が不十分なものを直接使用することにより製品がカビに汚染される原因となる。

② 製造環境からの汚染

食品工場では大量の水が使用され、熱・水蒸気の発生量も多いため、工場内が高温多湿となりやすい。そのため結露が発生し、有機物の付着した壁面・天井や機械類には容易にカビが発生する。工場内に発生したカビは気流と共に浮遊し落下菌数の増加を招き、直接的に製品を、あるいはベルトコンベアーや機械類、従業員の手指などを介して間接的に製品を汚染する。また、残渣を含む排水が流れる排水溝や洗浄水が飛散して湿っている状態のシンク回りも、その管理が不十分だとカビが発生する原因となる。

③ 空調設備からの汚染

天井にエアコンが設置されている場合、天井裏に結露の水たまりができてカビが発生しやすい環境となる。さらに、排気口や吸気部分には場内の埃が集まり、エアコン内部やフィルター部分に多くの埃が堆積してカビが発生する可能性が高い。この状態で稼働させると内部で発生したカビが場内に暴露され、製造ラインや製品を汚染する。

④ 外気や汚染流入空気による汚染

カビは発生した環境に限らず、屋外や屋内の至るところの空気中に浮遊している。工場内の給排気バランスが崩れて陰圧状態が継続した場合、壁や窓・扉の隙間などから汚染された空気が流入することで、工場内の浮遊カビを増加させ、製造ラインや製品を汚染する。

⑤ その他の汚染

清掃器具や洗浄器具は汚れて湿った状態のまま保管すると、表面でカビが発生しやすくなる。手指乾燥機はエアー吹出し口の周辺や水分の受け皿は常時湿っており、毎日清掃しないとカビが発生する。段ボールや発泡スチロールなど、原材料が納品されていた資材を再利用する場合が多くみられるが、これらは長期間使用すると汚れが付着してカビが発生する。このように工場内では様々な個所でカビが発生する要因があり、製品を汚染させないためにも、常に清潔な状態を保ち、工場内を衛生的に管理する必要がある。

Ⅱ-3.1.9.3 食品工場のカビ防御

1) カビの汚染調査

工場でのカビ汚染を明らかにするためには、製品の製造工程の各サンプル、使用する機器や器具類、従業員の手指や作業服の付着菌や、工場内の落下菌を対象とした汚染調査が必要となる。また、クレーム品の検査や製品の保存試験によりその製品に生育する菌種をあらかじめ調べておく必要がある。そして、工場内で汚染原因となりうる場所、製品に生育可能な菌種を調査した結果に基づいて、製品へのカビ汚染防止対策を講ずることが最善である。

2) カビの汚染防止対策

① 施設設備

施設設備のカビ汚染防止対策としては「侵入防止」「発生防止」「拡散防止」「汚染除去」の 4 項目が重要となる。

「侵入防止」は工場内に外部からカビが侵入しないようにすること。原材料や包装資材、施設設備、従業員、流入空気とともにカビが侵入しないように気密性の確保、給気空気の清浄化、原材料や従業員の衛生管理などを強化する。

「発生防止」は工場内でカビの汚染が発生しないようにすること。工場内での結露防止、施設設備のサニタリーデザインと適切な清掃・洗浄、空調設備の清潔管理などカビの発生原因を作らないようにする。

「拡散防止」は工場内で発生したカビが空気の流れや各動線により他の部分に拡散しないようにすること。給排気バランスの維持、区画管理、原材料の適切な取り扱い、従業員の動線管理、施設設備の定期的な洗浄など、発生したカビの拡散を防ぎ二次的な汚染を防止する。

「汚染除去」は侵入したカビや発生したカビを速やかに排除すること。カビの発生源を究明して殺菌除去、紫外線や適性濃度のオゾンガス、次亜塩素酸などによる空間殺菌、空気清浄機などを利用して工場内に清浄化した空気を循環させるなどしてカビを排除し、再びカビが発生することを防止する。

② 従 業 員

従業員を介したカビ汚染防止対策としては、衛生教育が不可欠であり、原材料や汚れた場所に触れた手で製品を取り扱うときには必ず手指の殺菌・消毒を行うなどの習慣を身につけ、衛生的に作業を行うことが重要となる。また、適切な洗浄方法や清掃方法を理解し、カビが発生しない環境作りを行うことも必要である。

③ 製品および使用器具機材

製品や器具機材に付着したカビを殺す方法としては、湿熱・乾熱・マイクロ波・赤外線などによる加熱殺菌、放射線・紫外線などの冷殺菌、次亜塩素酸系殺菌剤やアルコール（**表3-2**）などによる化学的殺菌などの方法がある。殺菌剤を使用する場合の注意点は、殺菌剤を噴霧しないことである（カビの胞子は噴霧により飛散する可能性が強いために）。ペーパータオル等に含侵させ、それをカビ発生場所に張り付ける方法が良い。また、良く発生する場所には、頻度を決めて同様の処理をすることが望ましい。なぜならば、殺菌剤は胞子よりも菌糸に対して強い殺菌効果をしめすからである。どの殺菌方法を選択するかについては、対象とする製品や器具機材の性質を十分に考慮し選択する必要がある。

また、製品については包装形態や製品特性を利用し、付着したカビを発生させないよう管理することも可能である。例えば、砂糖・食塩の添加や乾燥によって水分活性を低下させる、保存料や有機酸の添加によりpH値を管理する、ガス置換包装、酸素バイヤー性の高い包材の使用、脱酸素剤の同封による酸素除去などがあげられる。

食品工場のカビ防御には、まず製品に危害を及ぼすカビの種類を特定し、同時に工場内の汚染原因調査を実施する必要がある。さらに、その調査結果に基づいて汚染原因や汚染箇所を割り出し、適切な汚染防止処置を施す。また、製造工程内での仕掛品や製品の取扱い方法や施設設備の衛生管理について、手順や管理基準を設定して定期的に品質を確認する検証活動としての検査が必要となる。この手順は2018年6月に公布された食品衛生法改正により制度化されたHACCPに沿った衛生管理に準ずるものであり、このシステムは製造現場における細菌汚染の防止だけでなく、カビ汚染防止対策にも有用なシステムである。

表3-2　アルコール製剤の殺カビ効果

	アルコール製剤希釈係数			
	原液	1.5倍	2.0倍	2.5倍
Penicillium	−	−	＋	＋
Asperugillus	−	−	＋	＋
Cladosporium	−	−	−	−

−；5分で死滅、＋；10分で生存
アルコール製剤；アルコール濃度76％（v/v）製剤

Ⅱ-3.2　環境・リサイクル

Ⅱ-3.2.1　廃 棄 物

施設からの廃棄物、特に食品残渣については、製品への汚染がないように、その処理方法・管理方法を明確に定めておく必要がある。廃棄物処理については、地方自治体の基準が制定されているほか、食品残渣については食品リサイクル法（食品循環資源の再生利用等の促進に関する法律；平成12年法律第116号）が適用されるので、この法律に従って廃棄の基準を定める必要がある。

廃棄物は、施設から毎日搬出されること、周囲に影響のないよう分別保管すること、地方自治体の基準に基づき適正に分別・廃棄されること、そして、廃棄物容器や保管場所、使用される器具は衛生的に維持されることなどが求められる。

管理方法としては、①廃棄する場合の基準（種類ごとの取り扱い・保管方法、廃棄頻度、担当者、収集場所など）、②廃棄物の動線、③廃棄物の処理方法、④廃棄場所、容器、器具を清掃する場合の基準、などを定める。

廃棄物処理法（廃棄物の処理及び清掃に関する法律；昭和45年法律第137号）においては、排出事業者の責務として、①その事業活動による廃棄物の適切な処理、②廃棄物の再生利用などによる減量化、③製品、容器などが廃棄物となった場合の対応（適切な処理および減量化や処理法の開発）、④廃棄物の適正な処理情報の提供（適切な処理法など）、⑤廃棄物の減量その他の適正な処理の確保などに関し、国および地方公共団体の施策に協力すること、などを規定している。

排出事業者が自ら廃棄物の処理を行うことができない場合には、産業廃棄物処理業者に委託することも可能である。この場合、委託は書面により委託契約を交わし、委託業者に産業廃棄物を引き渡す際には、産業廃棄物管理票（マニフェスト）を交付しなければならない（産業廃棄物の運搬、処分等の委託及び再委託の基準に関する留意事項について；平成6年2月17日衛産19号）。

Ⅱ-3.2.2　食品リサイクル

食品関連事業者は、食品リサイクル法により食品循環資源の再生利用（特定肥飼料化、油脂・油脂製品の原料化、メタン化）、ならびに食品廃棄物などの発生の抑制、および減量を実施することが求められている。食品循環資源とは、食品廃棄物中の有用なもの、すなわち、食品が食用に供されたのちに、または食用に供されずに廃棄されたもの、および食品の製造、加工または調理の過程において副次的に得られた物品のうち、食用に供することができないものである。具体的には、動・植物性残渣や流通段階での売れ残り、消費段階での調理くずや食べ残しなどである。

食品関連事業者の具体的な食品リサイクルへの取り組みについては、「食品循環資源の再生利用等の促進に関する食品関連事業者の判断基準となるべき事項を定める省令（平成13年5月30日財務・厚労・農水・経産・国交・環境令4)」で定められた基準に従って行うこととなる。

Ⅱ-3.2.3　排　水

施設における排水については、作業場環境の汚染防止や、河川などの汚染防止（処理施設の管理）などの対策を講じる必要がある。

作業場の衛生環境としては、排水溝の構造についての管理が重要となる。

特定事業場から河川などに排出される排水については、水質汚濁防止法により汚染状態の許容限界値である濃度について基準が定められている。（水濁３①、②）また、事業場からの排水が下水道へ排出される場合には、水質汚濁防止法は適用されないが、下水道法による水質基準に基づいて処理設備を設置し、管理する必要がある（下水道法施行令第８条）。

参考文献

1)　コーデックス委員会（CODEX Alimentarius Commission）が示している「食品衛生の一般原則」（General Principles of Food Hygiene CXC 1-1969, 1969年採択、1999年修正、1997年、2003年、2020年改訂）
2)　社団法人日本食品衛生協会：食品・施設カビ対策ガイドブック 第３章食品とカビ　第５章食品製造環境とカビ（2007）
3)　株式会社テクノシステム：高鳥浩介監修 カビ検査マニュアルカラー図譜（2002）
4)　文部科学省ホームページ：「カビ対策マニュアル基礎編」 http://www.mext.go.jp/b_menu/shingi/chousa/sonota/003/houkoku/1211830_10493.html（2008.10.28）

（高澤 秀行・多賀 夏代）

第4章　HACCPと第三者工場点検

4.1　HACCPと食品安全マネジメントシステム

次章でも触れられるがHACCPは、食品事故を発生させるすべての危害要因をあらかじめ想定し、製造工程の中でその危害要因を発生させないように管理する手法である。

一方、ISO22000は食品安全マネジメントシステムを構築するために、品質管理マネジメントシステムであるISO9001に、HACCPシステムの考え方を取り入れたシステムである。その他にもFSSC22000などの食品安全マネジメントの考え方があるので、それぞれの関係性を（**図4-1**）に示す。

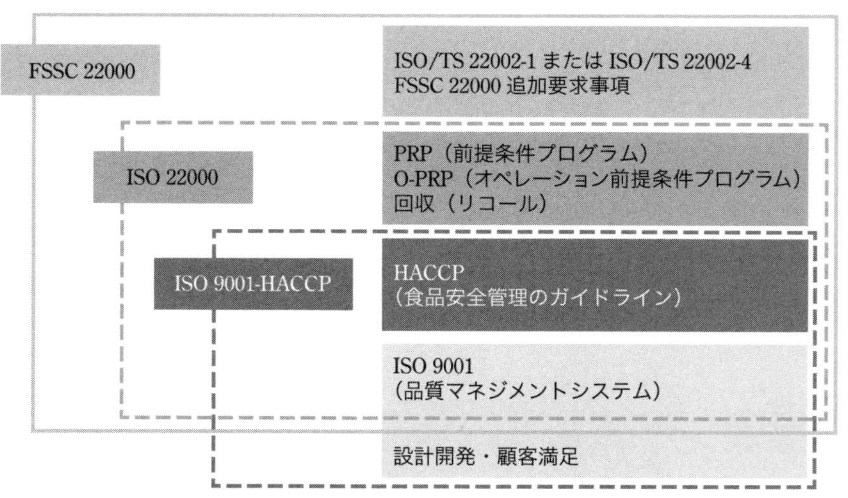

一般社団法人日本品質機構HPより
https;//www.jqa.jp/service_list/management/service/fssc22000/

図4-1　HACCPとその他のマネジメントシステム

4.1.1　HACCPとは

HACCP（Hazard Analysis and Critical Control Point）システムは、1960年代に米国の宇宙開発計画（アポロ宇宙計画）の一環として、宇宙食の微生物学的安全性確保のために開発された食品衛生管理システムで、「危害分析重要管理点方式」あるいは「危害要因分析と必須管理点管理方式」と称されている。

従来から行われていた出来上がった製品をサンプル検査する方法では、すべての製品の安全性を100％確保することができないことから、製造工程の管理とその記録を付けることを重視する衛生管理方式が取り入れられるようになったのがHACCPシステムである。

わが国においては1995年、HACCPの有効性が認められ、「食品、添加物等の規格基準」に規定されている食品製造基準のある食品（乳・乳製品、食肉製品、容器包装詰加圧加熱殺菌食品（レトルトパウチ食品など）、魚肉ねり製品、清涼飲料水）を対象に、総合衛生管理製造過程（日本版HACCP）の承認制度がスタートしたが、法改正により2021年6月1日からは、対象事業者全てがHACCPの導入を行うことが義務となった。

4.1.2　HACCPと一般的衛生管理プログラム

食品危害事故を防止するためには、原材料を生産する農場から消費者の食卓までの一貫した衛生管理を行うことが重要である。これは1997年に米国のクリントン大統領が提唱した考え方である。

HACCPは工程についての管理方式であるが、このシステムをより有効に機能させるために、HACCPシステム構築の前提条件（PP：Prerequisite Program）として、一般的衛生管理プログラムを設定している。

一般的な衛生管理に関すること

1.　食品衛生責任者の選任
食品衛生責任者の指定、食品衛生責任者の責務等に関すること

2.　施設の衛生管理
施設の清掃、消毒、清潔保持等に関すること

3.　設備等の衛生管理
機械器具の洗浄・消毒・整備・清潔保持等に関すること

4.　使用水等の管理
水道水又は飲用に適する水の使用、飲用に適する水を使用する場合の年1回以上の水質検査、貯水槽の清掃、殺菌装置・浄水装置の整備等に関すること

5.　ねずみ及び昆虫対策
年2回以上のべずみ・昆虫の駆除作業、又は、定期的な生息調査等に基づく防除措置に関すること

6.　廃棄物及び排水の取扱い
廃棄物の保管・廃棄、廃棄物・排水の処理等に関すること

7.　食品又は添加物を取り扱う者の衛生管理
従事者の健康状態の把握、従事者が下痢・腹痛等の症状を示した場合の判断（病院の受診、食品をとり扱う作業の中止）、従事者の服装･手洗い等に関すること

8.　検食の実施
弁当、仕出し屋等の大量調理施設における検食の実施に関すること

9.　情報の提供
製品に関する消費者への情報提供、健康被害又は健康被害につながるおそれが否定できない情報の保健所等への提供等に関すること

10.　回収・廃棄
製品回収の必要が生じた際の責任体制、消費者への注意喚起、回収の実施方法、保健所等への報告、回収製品の取扱い等に関すること

11.　運搬
車両・コンテナ等の清掃・消毒、運搬中の温度・湿度・時間の管理等に関すること

12.　販売
適切な仕入れ量、販売中の製品の温度管理に関すること

13.　教育訓練
従事者の教育訓練、教育訓練の効果の検証等に関すること

14.　その他
仕入元・販売先等の記録の作成・保存、製品の自主検査の記録の保存に関すること

図4-2　一般的衛生管理プログラム

一般的衛生管理プログラムとは、HACCPシステムによる食品衛生の基礎として整備しておくべき管理プログラムのことである。基本的には、2003年にCodex委員会が示した「食品衛生の一般的原則」の規範によるが、わが国では、2019年11月7日に「食品衛生法等の一部を改正する法律の施行に伴う 関係政省令の制定について」として、HACCP制度化を前提とした一般的な衛生管理に関する14の事項（**図4-2**：食品衛生法施行規則第66条別表17）を改めて示した。HACCPでは、いわゆる管理運営基準（食品等事業者が実施すべき管理運営基準に関する指針）を基礎とした実施手順などをすべて明文化し、実行することを意味している。

一般的衛生管理プログラム管理手法として、ハード面ではGMP（Good Manufacturing Practice：適正製造規範）が、ソフト面ではSSOP（Sanitation Standard Operation Procedure：衛生標準作業手順書）が求められている。GMPは製造現場やその環境についての管理を規定してる。先に示した「農場から消費者の食卓まで」という考えから、農場の衛生管理を対象としたGAP（Good Agricultural Practice：適正農業規範）や、流通・販売（消費）の衛生確保を対象としたGHP（Good Hygiene Practice：適正衛生規範）など、製造現場からの川上側、川下側にも同様の管理手法が求められている。これらはハード面のみでなくソフト面も含まれている。

ただ、ハード面に関するGMPは、製品の品質管理には直接には関係しない。

4.1.3　HACCPと衛生標準作業手順書（SSOP）

HACCPの基盤となる一般的衛生管理プログラムでは、方針に沿って適切なレベルで確実に実施できるように目的や役割、仕事の方法などを決定する必要がある。そのうちの衛生面についてまとめたものが「衛生標準作業手順書（SSOP）」と呼ばれ、文書化することが求められている。そこに示された手順に従えば、誰でも、いつでも目的・役割を果たすことができ、同じ結果が出るようになっている。ただ作業に対する個人差がどうしても残るので、従業員の教育・訓練や衛生管理、そしてこれらの実施状態の記録と検証が重要となる。

1)　SSOPの対象

SSOPの対象となるのは、使用水の衛生管理、機械器具の洗浄殺菌、交差汚染の防止、手指の洗浄･殺菌、従事者の健康管理、有毒･有害物質･金属異物などの食品への混入防止、および飛沫・ドリップなどによる食品への汚染防止、さらにはトイレの清潔維持、そ族・昆虫の防除などである。特に原料や半製品、製品に直接触れるものや人については、優先的にプログラムを作成する必要がある。

これらのプログラムが十分に実行されていないと、HACCPで要求する管理項目が多くなる。つまり、基盤となる一般的衛生管理プログラムが脆弱であると、それを補うために特別な管理項目が多くなり、HACCPの運用管理と継続維持が煩雑となり、衛生管理効率を低下させることにつながるのである。

SSOPは「Sanitation＝衛生」を管理するプログラムである。企業がSSOPを作成する場合、原料の調合手順や加工手順などの製造工程手順書、機械の作動手順書など（SOP：Standard Operation Procedure）と混同されることがあるが、これらとはまったく異なる文書である。

2)　SSOPの作成に当たっての要件と項目

SSOP作成の要件は、①目的にあった作業内容である、②実行可能である、③プランの解釈が異ならないようにできるだけ具体的に示すこと、④科学的、技術的な裏付けに基づいている、⑤誰もが遵守できる内容である、⑥現場の意見を取り入れ、実情に即したものである、⑦作業手順を記述もしくは画像などで示したものである、⑧責任と権限が明確になっている、⑨見やすく、使いやすいものであること、などである。

また、SSOPで必要な項目は、①適応範囲、②使用する薬剤（濃度、温度を含む）、③使用する設備、機械器具、④作業方法、作業条件、作業上の注意事項、⑤作業時間、⑥作業頻度、⑦作業の管理または点検すべき項目、⑧異常時の措置、⑨作業担当者、⑩点検結果および修正した内容の記録、⑪一般衛生管理上の欠陥を修正することを保証するシステム、などである。

SSOP作成に当たっては文章で箇条書きにし、それに必要な図面、表、作業の重要点や注意点などがイラストや写真を使って、誰もが簡単にすぐに理解できるものを作る必要がある。

3)　SSOP実施にあたっての衛生管理上の注意事項

SSOPを実施するに当たっては、①正しい作業の方法を決定する、②決定された手順通りに確実に作業を実施する、③作業が実施されたことを記録する、④作業の効果を目視または試験検査により点検し、記録する、⑤作業手順に問題があれば、製造管理責任者の合意のもとこれを改め、文章を訂正し、訂正理由および訂正年月日（日時）を記録する、⑥施設ラインの近傍に配置される従事者、清掃洗浄殺菌担当者、品質管理担当者、その他の関係者が一般的衛生管理プログラムと記録の方法と維持保管について、適切な教育と訓練を受けていることの評価、などに注意しなければならない。

4.1.4　HACCPプラン作成の7原則12手順

HACCPプランを実際に作成するためには、12手順（**図4-3**）を順番に行わなければならない。なぜならば、食品製造を行っている諸条件をその順序に従って整理し、危害要因（リスクファクター）を見逃さないようにするためである。また、この順序を守らなかったプランは机上の理論となり、リスクの見落としや実際の運用において不備をきたすからである。さらに重要なことは、先にも言及したようにHACCPプラン作成の前に、前提となる一般的衛生管理プログラムをあらかじめ確立させておくことである。

ここでは、7原則12手順の概略の解説にとどめるので、詳細は成書[1]を参考にしてい

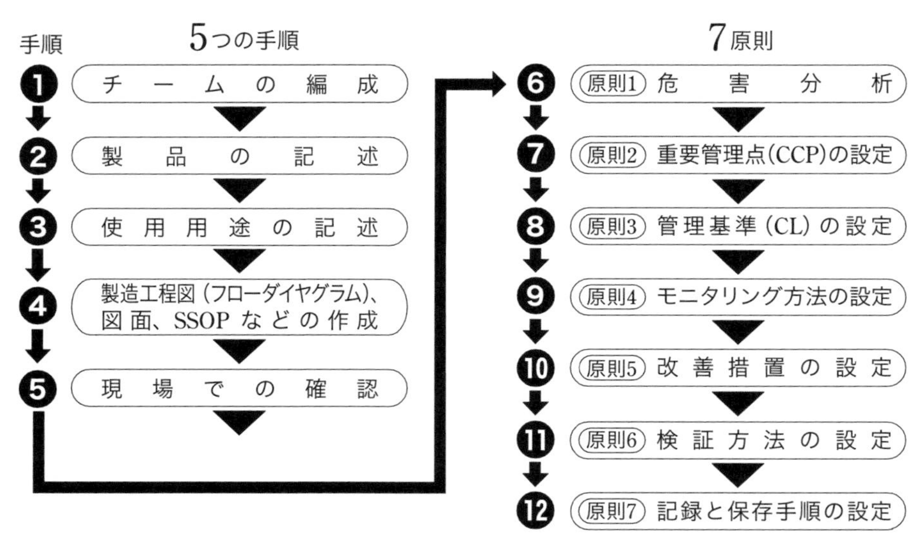

図 4-3 HACCP プラン作成の 7 原則 12 手順

ただきたい。

1) HACCP チームの編成（手順 1）

HACCP チームは、プランの作成と実施の中心的役割を担うので、リーダーは施設の最高責任者で、また、HACCP システムをよく理解している者が担当するのが適切である。その他のメンバーは、製造作業責任者（製造部長など）、施設設備に精通しているエンジニア、食品衛生検査員などで構成される必要がある。内部に適切な人材がいなければ、外部の適任者への依頼や助言を求める必要がある。

チームの最初の仕事は、原料や製品、施設や機器類、製造工程や作業手順などのすべての情報を集めることである。チームはプランを実施する推進組織でもあるので、① SSOP の作成、②教育・訓練、③プランの検証、④外部査察対応、⑤ HACCP プランと一般的衛生管理プログラムの見直しや修正などを行うことになる。

2) 製品の記述（手順 2）

手順 2 では、プランが対象とする製品の名称、種類、原材料、特性、包装形態などを明らかにする。その際、食品衛生法で定められている食品の製造基準および食品等の規格基準を調べ、法的な要求事項があればその内容、例えば食品添加物の使用量や微生物規格基準などを記述する。また、法律での定めがない場合でも保健所などに問い合わせ、適切な規格基準を明確化させておくとよい。特に、微生物基準は法律上の基準、取引先基準、自主基準などで必要に応じて上乗せ基準を設定する場合がある。留意点は、工場内で製造された直後の値を記載するのではなく、表示された期限（消費期限・賞味期限）の間を、設定された基準を担保するために製造直後はどうあるべきかの微生物基準を明記することである。

表示義務のあるアレルギー物質や包装資材は、原料供給者側が発行する品質保証書（SQA：Supplier Quality Assurance）を入手し、内容と遵法事項を確認し記述する。HACCPプランは、製品の記述内容をすべて担保するための仕組みなので、情報は科学的根拠に基づいたものでなければならない。また、pH、Aw（水分活性）、Brix（糖度）など微生物の増殖に深く関与する数値についても微生物基準と同様な考え方で値を記述する必要がある。また、消費期限設定は流通や販売条件、特に温度変化を考慮して設定する必要がある。

3)　使用用途の記述（手順3）

誰が、どのようにして食べるのかを記述する。なぜならば、対象消費者によってリスク管理が異なり、例えば老人や乳幼児、糖尿病患者などのハイリスクグループを対象とした食品は、特に衛生管理レベルを高くするなどの配慮が必要となるからである。

4)　製造工程図と施設設備の図面の作成（手順4）

製造工程図（フローダイヤグラム）は、製品の原料をすべて列挙し、原料受入から製品出荷までの手順と、半製品の工程中の回収経路、再生・転用化（リワーク）を明記し、製造管理を行う加熱温度、加熱時間、調合条件（pHやBrixなど）や、加熱から冷却に費やす時間などを明記する。

施設設備の図面には工場内を汚染区域、準清潔区域、清潔区域、高度衛生区域などに分けて、各工程がどのような衛生環境で行われるかを示すとともに、原料から製品、従業員、水、空気、包装資材、廃棄物の作業動線（移動経路）を記述し、製造環境の影響を明確化する。

また、図面に機材の配置箇所を示し、別紙でその名称と機器の性能やSSOPがわかるようにした複数の図面や表を作成する。これらの図面は、原料から排除もしくは許容レベルまで減少させるリスクコントロールの考えとは別に、企業ごとに異なる食品製造環境の衛生状態を知るためにも必要なものである。

5)　製造工程図と施設設備の図面の現場での検証（手順5）

手順4の作成は、概ね机上で検討され記述されることになると思われるが、実際の現場は作成された図面とは異なっている場合が考えられる。そのために必ずHACCPチームによる現場検証を行い、製造工程図や施設設備の図面が環境や作業内容と相違がないように確認しなければならない。

6)　危害要因分析（手順6、原則1）

危害要因物質は多種多様であるが、大きく分けて生物的危害要因、化学的危害要因、物理的危害要因となる。生物的危害要因は、微生物（腸管出血性大腸菌、黄色ブドウ球菌、赤痢菌、コレラ菌など）、寄生虫（原虫を含む）、ウイルス、である。

化学的危害要因は、カビ毒や貝毒、ソラニンやヒスタミンなどの生物由来物質と、食品添加物などの人為的に添加される物質、さらに家畜生産者の過失による基準を逸脱した残留抗生物質や、殺虫剤・殺そ剤などの偶発的に混入する物質などである（**表4-1**）。

物理的危害要因としては、ガラス片や金属などの原料由来や機器類の欠損による物質、作業従事者の過失による筆記用具や装身具、ネズミや昆虫、糸、ワイヤー、テグス（化学繊維、釣り糸など）などがある（**表 4-2**）。

危害分析は、HACCP 導入時の最も重要なプロセスであり、手順1〜5までに示された情報を考慮し、使用する原材料や資材別および製造工程ごとに、生物的、化学的、物理的危害要因発生の可能性を確認、検証する作業である。使用する原材料や資材では、食品原料や包装資材から持ち込まれる危害要因を明確化する。この場合、可能性のあるすべての危害要因を列挙する必要がある。

工程の危害分析は、製造工程図に従って工程を記し、その各工程に危害の内容、危害の

表 4-1　化学的危害原因物質とその発生要因、防止措置[2)]

化学的危害原因物質	発生要因	防止措置
〈生物に由来する化学的危害原因物質〉		
• カビ毒	• 原材料の輸送、保管中の取り扱い不適	• 原材料納入者からの保証書、検査成績書の添付
• 貝　毒	• 採捕が禁じられている海域、時期	• 原料受入時の採捕海域、採捕年月日等の確認
• ヒスタミン	• 腐敗細菌の増殖	• 赤身魚の適正な温度管理
• フグ毒	• 有毒部位の使用	• 十分な知識に基づく調理
• シガテラ毒	• 有毒魚の使用	• 毒化海域由来の魚種の判定
• ソラニン	• ジャガイモの発芽部位の使用、成育不良のジャガイモの使用	• 発芽部位の除去、受け入れ時の確認
〈人為的に添加される化学的危害原因物質〉		
• 食品添加物	• 添加物規格に適合しないもの • 製剤の濃度、純度に問題があるもの • 使用時計測の誤り • 配合時の混合不良	• 添加物製造者からの保証書、検査成績書の添付 • 使用時の適正な計量 • 標準作業書の遵守
〈偶発的に混入する化学的危害原因物質〉		
• 農薬（殺虫剤、除草剤等）	• 生産者の取り扱いミス	• 原材料規格の設定、保証書、検査成績書の添付
• 動物用医薬品（抗菌性物質、成長ホルモン、駆虫剤等）	• 生産者が休薬期間内に出荷、使用基準違反	• 原材料規格の設定、保証書、検査成績書の添付
• 指定外添加物	• 指定添加物との混同	• 原材料規格の設定、保証書、検査成績書の添付
• 重金属	• 環境からの汚染	• 原材料規格の設定、保証書、検査成績書の添付
• 施設内で使用される殺虫剤、潤滑油、ペイント、洗剤、殺菌剤等	• 食品工場用以外の殺虫剤、潤滑油、ペイント、洗剤等の使用 • 殺虫剤、潤滑油、ペイント、洗剤等の使用方法不適 • 殺虫剤等を食品添加物と間違えての使用	• 承認された殺虫剤、潤滑油、ペイント、洗剤等のみの使用、受入検査 • 殺虫剤、潤滑油、ペイント、洗剤等の使用方法遵守、取り扱い者の限定と教育訓練 • 適切な表示と専用の保管場所での保管

表4-2　危害の原因物質、混入の原因および防止措置[2)]

危害の原因物質	混入の原因	防止措置
・ガラス片	・照明器具、時計、鏡、温度計、製造機械器具の覗き窓、ガラス製器具	・破損時の破片飛散防止措置を講じた照明器具の使用、プラスチック製器具への代替、ガラス破損が認められた場合の製品の回収
・従事者由来の物品（宝石、筆記具等）	・従事者による過失、不注意	・従事者に対する衛生教育
・絶縁体	・施設、水または蒸気用パイプ	・定期検査、保守点検および適切な材質の使用
・金属片（ボルト、ナット、スクリュー等）	・原材料、製造設備・機械器具、保守点検担当者、最終製品	・規格設定、保証書添付、製造設備・機械器具の保守点検、マグネット・金属探知器の使用、従事者に対する衛生教育
・そ属昆虫の死骸およびそれらの排泄物	・建物、原材料	・そ属昆虫のすみかの排除、防虫・防そ構造の保守点検、殺虫、捕虫、殺そ等の防虫・防そ対策
・木片	・施設、機械器具、パレット	・木製機械器具の排除、保守点検
・糸、より糸、ワイヤ、クリップ	・袋入れの原材料	・使用前の排除、検査、スクリーンまたはシフター、マグネット
・注射針、散弾破片	・食肉・食鳥肉	・金属探知器

発生要因、防止方法などを記入する。また、実際の事故の危害要因は必ずしも原料由来リスクがコントロールできなかったことによるものではなく、前述したように、一般的衛生管理プログラムの運用管理が不十分であったことによるものも少なくない。したがって、管理方法、すなわちCCP（Critical Control Point）またはPP（SSOP）のどちらで管理するかを明確にしておくと、従事者の教育や訓練を行う場合の根拠が示しやすくなる。

7)　重要管理点（CCP）の決定（手順7、原則2）

原料および工程由来の危害要因が、最終的に製造工程のどこの工程で排除または許容以下にできるかを明らかにしなければならない。HACCPでは、危害要因を重点的に管理（排除または低減）する工程をCCP（重要管理点）と呼んでいる。CCPで明確にすべき事項は、CCPとして決定した工程の番号、危害要因の発生根拠（要因）と、後述する管理手段、管理基準（CL：Critical Limit）、モニタリング方法、改善措置、検証方法、記録内容と文書名をHACCPプランで明らかにしておく必要がある（**図4-4**）。

8)　管理基準（CL）の設定（手順8、原則3）

危害要因物質が確実に排除される、もしくは許容できるレベルにコントロールして、食品事故を防止するためのチェック項目や基準を決定する。この場合、危害要因の特性をよく理解しておく必要がある。例えば、製品中に生残している病原菌を加熱によって排除しようとした場合、微生物の性状（耐熱性）を知らずにCLを設定すると、病原菌が死滅しない可能性がある。

CLは、製品の安全性を確保できるか否かの限界値であり、かつ、実施途中でCLが不適切と判断された場合、速やかに改善措置をとる必要がある。そのために、CLのパラメーターとして、Aw、pHなどの化学的測定値や温度、時間、粘度、物性などの物理的測定値、または色調、光沢、臭気、味、泡、音などの官能的指標など、即時的計測が可能なものを用い、CLの逸脱を回避するため（改善措置の運用を回避するため）、OL（Operation Limit：運用基準）の数値を、CLよりも若干高くあるいは低く設定して運用する。

9) モニタリング方法の設定（手順9、原則4）

モニタリング方法の設定は、危害要因物質またはその発生要因が確実に管理基準内でコントロールされていることをチェックする項目と方法を決定し、同時に記録を行うことである。CLを逸脱した場合は改善措置が必要になるが、その対象となる範囲は、このモニタリング記録を経時的に見返すことにより判断できる。すなわち、担当者はHACCPプランで決定した管理基準を指定された方法で確認し、逸脱がなかったことを記録、検証する。

モニタリングは、すべての製品が漏れなく監視されていることが重要であるため、連続的もしくは相当の頻度（改善措置が実際に必要となった場合を考慮し、できるだけ様々な影響が小さくてすむ範囲）で行わなければならない。また、簡単に措置を講じることができるようにしなければならない。

モニタリング担当者は、通常の状態から少しでも変化があれば気付くことができ、機械器具の操作に精通している者が好ましい。モニタリングでは、前項に示したパラメーターが対象になる。

また、記録事項は管理基準値以外に、① 記録した日と時間、② 製品の名称、記号（ロット番）、③ 実際の測定値、観察状態、検査結果、④ 測定、観察、検査担当者のサインまたはイニシャル（個人特定が可能であること）、⑤ 記録の点検者のサインまたはイニシャル（同上）、⑥ 保管場所、保管期間、などが必要である。

10) 改善措置の設定（手順10、原則5）

CLを逸脱した場合を想定し、あらかじめ原因究明や復旧作業、回収の仕方を含む改善方法を決定してCL逸脱を迅速に検出し、影響を受けた製品を排除して工程の管理状態を元に戻せるようにする。HACCPプランに記述すべき事項は、次の5項目となる。

1. 工程の管理状態を元に戻すための措置として、機械の修理、調整、取り替え方法などを具体的に記述する。
2. 製品に対する措置として、廃棄、再製造、再殺菌、他の製品への転用、取り扱いを保留した製品の解除（リスク評価として確認検査が必要になる）方法。
3. CCP管理に関する十分な知識を持っていて、完全に工程を理解し、迅速な判断と行動ができる製造現場担当者などの改善措置実施担当者。
4. 改善措置実施記録として、逸脱の発生内容、日時、発生工程または箇所、逸脱原因調査結果、工程の管理状態を元に戻すための措置内容および実施担当者、逸脱している間に製造された製品に対する措置内容および実施担当者（必要に応じた安全性確認のための検査実施結果を含む）、記録担当者、記録内容の点検者、保管場所および

HACCPプラン

製品名　ミートボール　　　　　　　　　　　　　HACCPチーム

	内　　容
CCP番号	CCP1
段階／工程	12　加熱殺菌
ハザード 生物学的 化学的 物理学的	 病原細菌（非芽胞菌）生残
発生要因	加熱温度と時間の不足により病原細菌（非芽胞菌）が生残する加熱性がある
管理手段	適切な加熱温度と加熱時間で管理する
管理基準	スチームオーブン内温度90℃　30分 (中心温度85℃以上で10分以上の加熱を担保)
モニタリング方法 何を 如何にして 頻度 担当者	 ・加熱開始と終了時に装置温度計の表示を確認し記録する ・加熱開始時に装置タイマーの設定時間を確認し記録する ・ロット毎 ・製造工程（焼成ライン）担当者
改善措置 措置 担当者	・管理基準を逸脱した場合、モニタリング担当者は製造責任者に報告し、加熱装置を停止する ・最後の正常確認時まで遡り管理逸脱までの製品を不適合品をして隔離する ・品質管理課は不適合品を確認し再加熱する ・製造責任者は原因究明を行い、ラインを復旧させる ・ライン復旧後、正常に加熱できることを確認し、工程を再開する ・製造責任者は改善措置記録をつける
検証方法 何を 如何にして 頻度 担当者	・モニタリング記録および改善記録を確認する（ロット毎） ・加熱後の製品中心温度（85℃以上）の確認（ロット毎)、および結果の確認（毎日） ・加熱装置タイマーの時間確認（1回/月） ・製品検査の実施と検査記録を確認する（1回/月） ・温度計の校正（1回/月）機器のメンテナンス記録を確認する（1回/年） ・担当は製造責任者
記録文書名 記録内容	モニタリングおよび改善措置記録、検証記録、製品微生物検査記録、機器メンテナンス記録、温度計校正記録、クレーム記録　など

図4-4　HACCPプランの記載例

保管期間を定める。

5. HACCP チームが決めた詳細な管理方法を十分理解した責任者を決定する。改善措置の実施は製造部門の責任であるため、必要以上の製品の排出やライン停止を防ぐためにも、責任者はその役割と方法について熟知した人物でなければならない。

11) 検証方法の設定（手順 11、原則 6）

検証方法には、HACCP システムの個々の工程などを対象とする場合（Verification）と、プラン全体を対象とする場合（Validation）がある。前者の検証内容は、モニタリングに用いる計測器の校正、モニタリング記録と改善措置記録の点検、最終製品の試験検査、などである。後者の検証内容は、システム全体の検証であり、① 類似の食品群で新たな食中毒の発生が起きたとき、② 製造ライン、製造方法または原材料などを変更したとき、③ システムに欠点や不備が見つかったとき、などに行い、プランの全体を修正し、よりよいプランを構築することを目的とする。

12) 記録と保存手段の設定（手順 12、原則 7）

正確な記録を保存することは HACCP システムの本質である。この記録は HACCP システムを実行した証拠であると同時に、食品の安全性にかかわる問題が生じた場合に、製造または衛生管理の状況を遡り、原因追究を容易にすることに役立つ。また、記録は製品の回収が必要な場合には、原材料、包装資材、最終製品など、ロットを特定する助けとなる。そのためにも、正確な記録の付け方と保存方法をあらかじめ決めておかなくてはならない。

4.2 HACCP システムのハザード（危害）について

前述した HACCP の考え方について、初めて HACCP に関わったばかりの事業者には HACCP の頭文字の H ＝ Hazard の定義を理解することに戸惑いを感じる方が少なくは無い。具体的には、毛髪や昆虫の商品への付着をハザードとして捉える時などがそうである。ハザードとは、喫食者が必然的に重篤状態になる場合や、その状態が多発拡散する事が容易に想定できるエラーのことであり、いわゆる、一般クレームをハザードとして捉えることは適当ではない。

4.3 品質管理の種類について

事業者が管理する品質には、概ね 3 種類の品質がある（**図 4-5**）。それは① ブランドの品質基準、② 消費者クレームを防止するための品質基準、③ 健康被害を防止する基本的な品質基準である。実はこの 3 種の品質管理基準は日常的にはあまり区別をせずに管理されている。また、食品を扱う者の最大責務としてお客様にご迷惑をかけるようなことがな

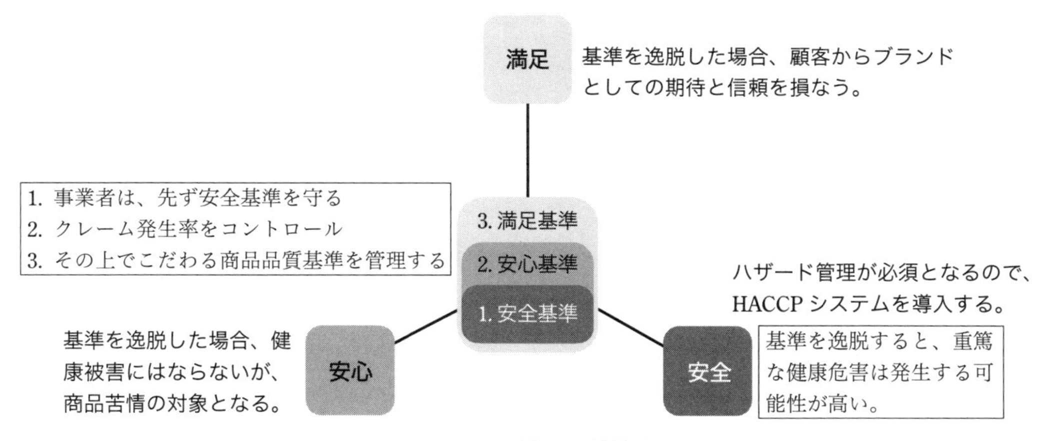

図4-5　3種の品質基準

いようにと強い意識をもって働いているために道義的意識が強く働き、危害分析の際にはHACCPシステムですべての品質を管理しなければならないと戸惑う場合が多くみられる。

言い方を変えると、およそ全ての事業者は既に品質管理業務を日常的に実施しているので毎日のように食中毒事故は発生しない。したがって、すでに重要なハザードはおそらく管理できていると考えられる。

4.4　ハザード管理手法の例

材料に潜在しているハザード（人への危害要因）は、品質保証書などで予めその種類と濃度が推定できるようになっている（**図4-6**）。問題は、製造環境の衛生管理レベルや製造方法の「ばらつき加減」が、製造した商品へ影響する（ハザードが顕在化して実際の被害が生じてしまう）かもしれないということである。

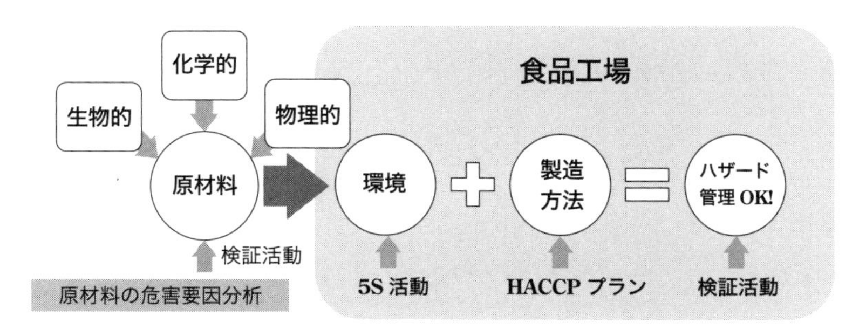

使用原材料のハザードの種類と濃度は、あらかじめ想定したレベルでHACCPシステムを構築する。従って、想定レベルを逸脱した原料の場合は、危害分析の見直しは必要。

図4-6　原材料の安全性評価（事前の検証／危害要因分析の準備）と製造環境の関係

表 4-3　ハザードコントロール手法の例（有害微生物）

持ち込まない （サプライヤー管理）	1. 品質保証書（仕様書） 2. 工場点検 3. 検査（検査項目は考えて！）
つけない （洗浄・殺菌）	1. 下洗い（10）×本洗（10）×すすぎ（10）×乾燥（10）×殺菌（10）＝100000 2. サニテーション CCP（OPRP） 3. 他
ふやさない （保管・製造方法）	1. 冷　却 2. 乾　燥 3. 調　合（pH および Aw の関係） 4. 包装助剤 5. 他
殺す （調理、意図的殺菌）	1. 加　熱 2. レトルト殺菌 3. 薬剤による殺菌 4. 他

HACCP システムの適応範囲は、自社の工場へ原材料を入荷させた時点から、出荷から消費されるまでの範囲となる。原材料のハザードは予め想定した範囲の品質であることが重要であり、その上で自社の一般的衛生管理事項の品質（製造環境）のばらつき加減と、製造方法のばらつき加減の影響をできる限りリアルタイムで全製品の状態を管理することが HACCP 手法ということもできる。

また、**表 4-3** は、実際の微生物ハザードをコントロールする主な製造管理手法の例である。基本は食中毒防止 3 原則と言われる、① つけない・もちこまない、② ふやさない、③ ころす、と同じである。特に洗浄・殺菌方法は適切な方法で実施されなければ、期待される効果を得ることが難しくなる。表 4-3 の中で締めした（10）とは、10 点満点の方法ならばという意味である。

4.5　品質管理とは、ばらつきの管理である

「おかしいなぁー？　これまで通りに製造していたのに、なぜか食品事故が発生してしまった」。

このようなことを体験した事業者は、多いのではないだろうか。どういうことにも理由がある。「これまで通り」としていた項目に逸脱（見落とし）があったに違いないので、「これまで通りの製造」に、いつもと異なる状態が、どこでどのように発生し製品に影響するのかを、あらかじめ分析しておくとよい。ここでは、原因調査の手法として、「特性要因図」の考え方を紹介する。

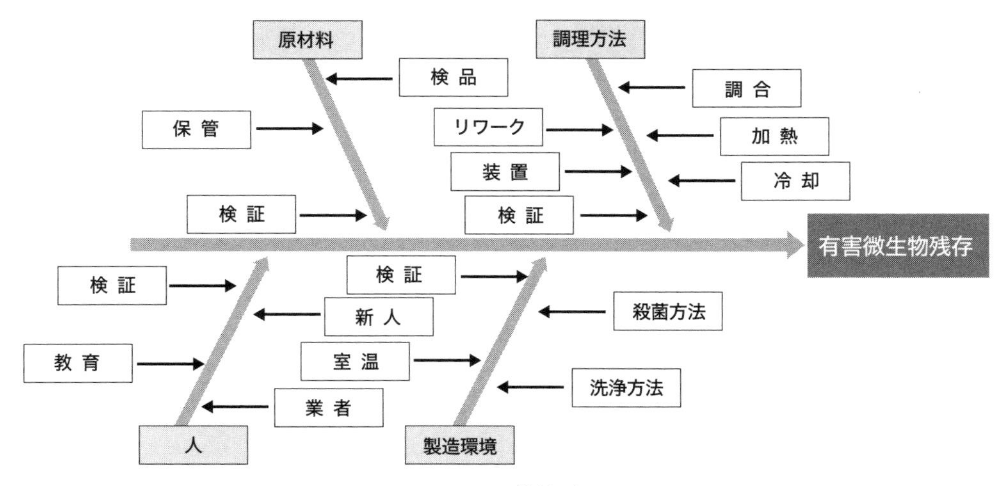

図 4-7　QC 特性要因図

4.5.1　あらかじめ想定されるリスクの考え方

この**図 4-7** は、有害微生物が製品に残存する可能性が潜む項目を表したもので、魚の骨の形にも似ているのでフィッシュボーンとも言われている。先ずは、調理方法や製造環境といった大分類を行い、その次にそこで管理に失敗があった場合に、有害微生物が製品に残存する可能性がある項目を書き出したものである。

こうして問題発生の要因をすべて書き出すと、どこにその原因が潜んでいるのか俯瞰でき、かつ逸脱を起こさないための対策も立てやすい。

4.5.2　ばらつき時とはどの様な時か

では、こうした要因を顕在化するものとして、人の問題がある。「無くて七癖」という言葉がある。人はそれぞれ生い立ちが異なり、価値観も違う。それで構わないし、そのことを踏まえた個人の人格は企業が尊重しなければならない。しかしその一方で、食品を製造する者たちの行動に個性があっては都合が悪い。それぞれが身勝手なことをすると事故は発生しやすくなり、また原因究明も困難になるからである。衛生基準を守ると言う意味では、なおさらのことである。また、ばらつきは、人に限るものではなく、機械・器具なども対象になるので次の 5 つのばらつきを管理するとよい。(**表 4-4**)

表 4-4　5 つのばらつき管理

1. 原材料（資材含む）の「ばらつき」
2. 設備、機械の「ばらつき」
3. 作業者の「ばらつき」
4. 製造方法（洗浄殺菌方含む）の「ばらつき」
5. 点検・検査の方法や結果の「ばらつき」

4.5.3　ばらつき管理は、まず基準を明確にする

さて、ばらつきを管理するとなると、まずは現場が実施している「これでいいのだ！」という基準が人によって異なっていないかを確認してみるとよい。意外にも現場の人ごとや、管理者によっても違っている場合があるからである。「適切な管理基準とは、どうい

うものか？」、次に戸惑いを感じるのは恐らくこのことでは無いだろうか。

日常製造している製品でトラブルが発生していないのであれば、現在運用管理している個別の製造基準値が適切であると判断することは構わないと考えられる。なにかしら新たに理想の基準値を追求し、設定する必要はないということである。

むしろ、もっと大切なことは、「なぜ、これで管理できているのか？」という科学的根拠に基づく理由を知っておくべきである。

4.5.4 管理基準が適切に守られているか日常的に管理する

前述したHACCPで示した、管理基準CL（Critical Limit）や運用基準OL（Operation Limit）が明確になれば、つぎは日常的にばらつきが発生していないかをモニタリングする。担当作業者は、適宜モニタリングと記録を行い、その内容に不具合がないか品質管理担当者が記録の提出を求め、しっかりと確認をし、併せて現場を巡回して管理状況を監査する。その際、もし基準を逸脱している事実がわかった場合は、あらかじめ決定した手順で製品と現状復帰が行われたかを合わせてしっかりと確認することが重要な業務となる。これはHACCPシステムでいう検証活動である。

4.5.5 ばらつき管理を失敗した場合に生じる事例

食品を製造する過程で、もし失敗したらどのようなエラーが発生するか代表的な現象を**表4-5**に示した。品質管理担当者は、なぜ今、問題なく製造できているのかを、この事

表4-5 食品製造過程に共通する基盤的操作単位とそれに関連する事故例

単位操作	単位操作内容項目	代表的事故
加　熱	低温加熱、中温加熱、高温加熱、高温高圧加熱、真空加熱など	食中毒菌の生残、腐敗変敗
冷　却	自然冷却、放冷、冷水冷却、空冷など	食中毒菌および微生物の増殖による腐敗変敗
凍　結	バッチ凍結、スパイラル凍結、液凍結、液化ガス凍結など	品質不良
乾　燥	高温乾燥、中温乾燥、低温乾燥、真空乾燥、天日乾燥など	食中毒菌および微生物の増殖による腐敗変敗
殺　菌	低温殺菌、中温殺菌、高温殺菌、高温高圧殺菌、薬剤殺菌、ガス殺菌など	食中毒菌の生残、腐敗変敗
除　菌	水洗（すすぎ）、薬剤水洗、手洗いなど	微生物の生残
静　菌	薬剤（pH調整剤、酸味料など）、塩分、糖分、Aw調整剤など	微生物の生残および増殖
混合・攪拌	常温、低温、真空、減圧など	均質（品質）不良
充　填	通常充填、ホット充填、低温充填、無菌化充填、無菌充填など	指標細菌不適、二次汚染、充填不良
盛付け	自動、手作業、単品、複合など	指標細菌不適、二次汚染
充填・資材	キャップ、巻締、シール、コルク	腐敗変敗・指標細菌不適、二次汚染
保　管	一時保管、滞留、常温保管、低温保管、冷凍保管、ガス充填保管など	腐敗変敗

例を踏まえて理解を深めておいてほしい。

4.5.6　商品の品質情報の設計を確認することでハザードを把握する

食品市場では、原材料の品質保証書、商品仕様書、食品表示といった書類で、その内容を商品取引前に確認することが一般的になった。なぜならば、健康危害を発生させない品質確認や法律を遵守した食品であるかを、提供の前に確認し、リコールなどの事故を回避するための「食の安全と安心」を確保する取り組みが強化されたためである。

なかでも、個別原材料の情報は、定期的に最新情報にしたがって更新しなければならない。例えば知らないうちに表示していないアレルギー物質が含まれてしまい、その結果アレルギー症状を引き起こす危害が発生してしまうからである。

表4-6　主な品質保証書の種類と記載事項例

品質保証書の種類	記載事項の例
原料規格書	アレルギー物質の含有、使用期限、食品添加物、異物除去済みか否か、動物用医薬品、休薬期間、他
商品仕様書	個別の原料配合割合と製造や流通の方法、他
食品表示	食品表示法に基づく表示内容

4.5.7　商品の品質設計とハザード

したがって、記載された事項それぞれの品質を保証するために、品質管理担当者は関係する従業員と書類の内容通りの製造ができていることを、製造中に確認しながら品質管理を行うようにしなければならない。そうすることで、必然的に設計通りの商品を製造することができる。そうでなければ、出来上がった商品の検査をしても、すでに消費者の手元に届いてしまって事故を未然に防ぐ効果が発揮できない可能性がある。

これがいわゆる、HACCP方式の衛生管理である。商品の品質設計書は、HACCP導入の7原則12手順の手順2と3の「製品説明書の作成」となる。

4.5.8　商品説明書の記載事例

この事例（**図4-8**）は、少々書き込み過ぎではあるが、個別原材料の品質がわかり、使用する際に、どんな失敗をしたら健康危害に至る要因となるかがわかりやすいので事例として示すこととする。

例えば、入荷したトマトペーストのドラム缶を開ける際に注意しなければ、異物混入事故が起きる可能性を排除できない。そこで、標準作業手順書（例：原料取扱のマニュアル）を作成し、作業を行った者は手順に従った記録を残す。品質管理担当者は記録や現物を確認して、その時に確実に手順どおりの作業が完了していたことを再確認し品質を保証する。という運用具合である。

トマトケチャップの製品説明書の例

製品の名称および種類	ケチャップ　一般加工品	
原材料に関する事項	■トマトペースト	濃縮トマトのうち、真空パックで 250 k のドラム缶で納品 一般生菌数 100/g 以下、大腸菌群 3/g 以下、カビ・酵母 20/g 以下
	■オニオンピューレ	皮剥きピューレー状で脱気状態まで充填された 1 斗缶 18 L で納品 一般生菌数 10 万 /g 以下、大腸菌群 陰性
	■上白糖	紙袋 20 k で納品
	■ぶどう糖果糖液糖	タンクローリーにて納品 一般生菌数：300/g 以下、大腸菌群：陰性、黄色ブドウ球菌：陰性、サルモネラ：陰性
	■ガーリックパウダー	ダンボール（内装　ポリ袋）納品
	■ケチャップミックス	ダンボール 10 k（1 k × 10） 内装　アルミパック納品 一般生菌数：50000/g 以下、大腸菌群：陰性
	■粉末ミックス	ダンボール（内装　ナイロンポリ）納品
	■白コショウ	ダンボール納品 一般生菌数：1000/g 以下、大腸菌群：陰性
	■醸造酢	タンクローリーにて納品 一般生菌数：300/mL 以下、大腸菌群：陰性 /0.1 mL、 黄色ブドウ球菌：陰性 /0.01 mL
	■食塩	紙袋 25 k で納品 一般生菌数：300/g 以下、大腸菌群：陰性
	■水	浄水（水質検査済み）
	■唐辛子	1 斗缶 1（内装 10 k ポリ袋）納品
		（全て常温保存、異物除去工程あり）
添加物の名称とその使用量	なし	
容器包装の材質および形態	容器：ポリエチレン キャップ：プラ　内蓋：アルミシール　外装：ポリプロピレン	
製品の特性	高粘度の鮮紅色の液体状、可溶性固形分 25％以上、Aw 0.94、Brix 32.5～34.5％、pH 4.0、酸度 1.00～1.10％、食塩分 3.3～3.5％、粘度 4.5～7.0 cm　リコピン	
製品の規格	出来上がり時：一般生菌数 300 以下 /g、大腸菌群：陰性	
保存方法 消費期限または賞味期限	保存方法：開封前（常温）、開封後（冷蔵 5～10℃） 賞味期限：開封前（18ヶ月）、開封後（30 日） ※自社検査結果、官能検査、工業会の指針による基準を満たしている。	
喫食または利用の方法	そのまま使用、調理時にそのまま使用	
喫食の対象	一般消費者	

図 4-8　製品説明書の記載例

4.6 「守る」では無く、「攻める品質管理」の業務の進め方

守る業務とは、事故やクレームが発生しない商品設計や製造方法の設計、そして製造する衛生環境の設計と管理も加わる。また、申告があったクレームに対して真摯に受け止めて迅速かつ適切に対応し、原因究明と再発防止対策を講じるのである。

それでは「攻める」品質管理とはどのようなことなのか？それは、発生するかもしれな

いリスクの予知・予兆をとらえ、あらかじめの予防策を講じることである。リスクの予知・予兆は申告されたクレームの情報や、管理・運用基準と実測値のばらつき具合、各種の検査結果を分析するとわかってくる場合がある。判断と行動を決定するためには、必要になる情報の質と量のデーターを後から見返してクロス集計や分析が容易にできるようにしておくと良い。

4.6.1　発生現象別分析による虚弱性評価

クレームは多様な現象で発生する。そこで、現象別分類方法を**表4-7**に次に示す。現象別分類方法はこれに限定する必要はないが、およそ網羅できるのではないかと考える。

表4-7　現象分類別リスク分析の例（表4-8も参照）

現象分類別リスク	分析するときの注意点
1. 異物混入 2. 人体危害 3. 異味、異臭 4. 腐敗・真菌（カビ・酵母） 5. 味覚 6. 破損、破れ、キズ 7. セット崩れ、量目不良 8. 表示・日付不良 9. 性能・機能 **10. 重大事故（Level. 3）** **11. 重要改善（Level. 2）** 12. 意見・要望	・左の現象分類に識別し、個別要因別対応基準を今後設定してみる。 ・現象分類に従って、リスクレベルで識別しては危険。 ・現象別の個別要因によって、リスクレベルを決定する必要がある。 ・初期段階で識別した現象も、対応経過によって別の現象に変更となる場合もある。

4.6.2　発生現象別分析後のリスク別格付け

次に、現象別分類した個別リスクの内容は、原因調査をした上で再評価を行い、さらにリスクレベル毎に分類する。そうすることでリスクレベルの高いクレームとその原因を論理的に抉（えぐ）りだせるので、優先的に再発防止策を実行するリストアップができるようになる。リスクのレベル別格付けの例を示す。**表4-8**にリスク判定のガイドラインを示した。

A)　Level. 3（重大事故）

- 企業経営に甚大な悪影響を及ぼすリスクであり、経営陣が率先し対処すべきレベル
- 緊急対策会議を設置し、速やかに危機管理を行う必要があるリスク
  - ①　重篤な人体への健康危害要因
  - ②　重大なコンプライアンス違反
  - ③　同一現象で多発する可能性がある要因
  - ④　大規模リコールが必要な要因
  - ⑤　近未来で、極めて社会問題化している要因

B) Level. 2（重要改善）

- 徹底した原因究明と、完全な改善と検証が必要と判断されるリスク
- 発生要因を追求した結果、商品およびプロセスの規格を改善しなければ、継続販売する事が困難と判断されるリスク
- 組織的な謝罪対応が伴うと容易に判断できるリスク
  ① 重篤な人体危害には及ばないが、食品衛生規格に抵触する要因
  ② 同一現象で散見されるクレーム（2件程度）
  ③ 軽微な食品表示コンプライアンス違反
  ④ 近未来で社会的に問題化している要因
  ⑤ 小規模リコールが必要な要因
  ⑥ 商品規格が検査結果で逸脱した場合
  ⑦ 一見するとLevel. 3として認知されるが、実は上記要因となる場合

C) Level. 1

- 主に、発生要因説明と再発防止対策を明確にして、返品、交換、謝罪などの個別対応で解決できる軽微なリスク
- 担当者があらかじめ決定された個別対応方法で容易に解決できるリスク

表 4-8 リスク判定ガイドラインの具体例

1. 異物混入・付着
① 硬質危険異物や拡散性が高い遺物は、Level. 2〜3扱い
② 毛髪や糸くずなどはLevel. 1但し、拡散の可能性が認められる場合は別

2. 人体危害
① 原因によっては、意見要望に格下げも可能

3. 異味、異臭
① 製品特性の場合はLevel. 1、微生物や仕様書違反の場合はLevel. 2に

4. 腐敗・真菌（カビ・酵母）
① 腐敗の場合は、Level. 2〜3で扱う。
② カビ・酵母などが人体危害に及ぶ事は、まれなのでLevel. 1
③ 但し、拡散性が高い。この場合はLevel. 2〜3で扱う。

5. 味覚
① 要因が衛生規格や仕様書違反、工程プログラムミスの場合はLevel. 2〜3で扱う。
② 製品特性の場合はLevel. 1

6. 破損、破れ、キズ
① Level. 2〜3へのリスクが無い場合はLevel. 1

7. セット崩れ、量目不良
① Level. 2〜3へのリスクが無い場合はLevel. 1

8. 表示・日付不良
① かすれや剥がれなどは、Level. 1
② 関連法規に抵触する場合は、Level. 2〜3

9. 性能・機能不全
① 単純返品・交換で対処できる要因は、Level. 1
② 関連法規への抵触や、拡散する場合は、Level. 2〜3

10. 重大事故（Level. 3）

11. 重要改善（Level. 2）

12. 意見・要望

① 商品の特性要因

② 軽微な外観異常

③ 破損、欠損など

4.6.3　ハインリッヒの法則

この名称はこの法則を導き出したハーバート・ウィリアム・ハインリッヒ（英語版、Herbert William Heinrich、1886 年 - 1962 年）に由来している。彼がアメリカの損害保険会社にて技術・調査部の副部長をしていた 1929 年 11 月 19 日に出版された論文 [1] が法則の初出である。

論文 [1]：https://www.casact.org/pubs/proceed/proceed29/1929.pdf の p.170–174

意味は、一件の大きな事故・災害の裏には、29 件の軽微な事故・災害、そして 300 件のヒヤリ・ハット（事故には至らなかったもののヒヤリとした、ハッとした事例）があるとされ、重大災害の防止のためには、事故や災害の発生が予測されたヒヤリ・ハットの段階で対処していくことが必要で可能であるとの考え方である。

4.6.4　具体的なハインリッヒの法則の応用

実際の食品クレームの発生比率もやはりこの 300 対 29 対 1 の関係と同様であるように考える。

したがって、仮に、Level. 1 が 300 件、Level. 2 が 29 件、Level. 3 が 3 件だったとして、予知・予測が困難で重篤な事件になる Level. 1 のクレームをなんとかして、発生する確率を削減したいと考えるならば、先ずは発生を食い止める事が可能なレベル 3 の原因対策を徹底すれば良いことになる。つまり、300 件のクレームを 150 件に削減できれば、予測で

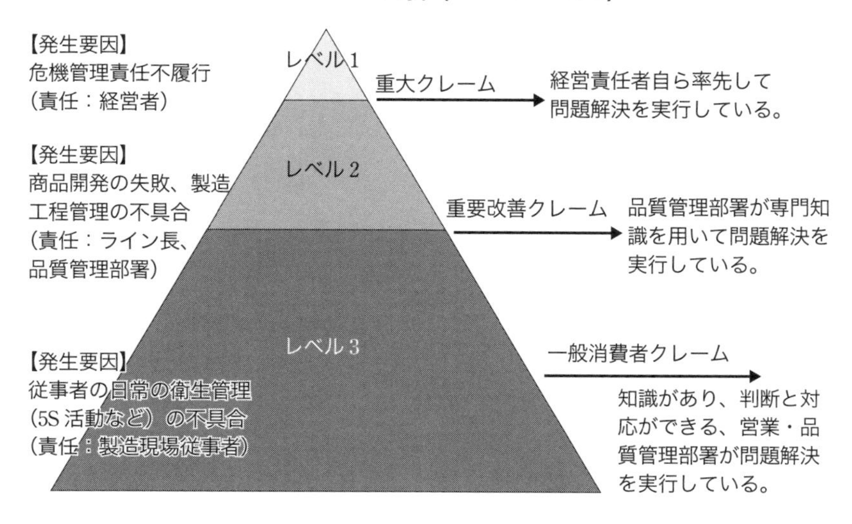

図 4-9　クレームの格付けとハインリッヒの定義

きない大事故の発生確率を50%に下げる事が理論上可能となるということである。

4.7　第三者による工場点検

ここで解説する工場点検は、社外の監査人による第三者監査であり、製造現場の状態監査のinspectionや、食品安全計画書や実施記録を調べるauditと呼ばれている行為である。

これまでに製造現場が実施するHACCPを根幹とした、品質管理業務の目的や手順について解説をおこなってきた。なぜならばそれは、工場点検を行う際の目的、点検項目、点検手段、合否判定基準などを読者にとって体系的にわかりやすく解説するためでもある。

4.7.1　第三者による工場点検はどういうときに行われるか

ここで言う第三者とは、販売を手掛け、製造は委託する会社のことである。そうした場合の点検は、① 監査する側が商品販売を企画する際、製造を依頼する会社に対して事前に確認する時（商品リニューアルを含む）、② 販売期間中の品質管理状態の維持・向上やリスクコミュニケーション、③ クレームや重大事故発生時の緊急点検。の主な3つの時期によって異なる。これらに加えてHACCPやISO22000, FSSC22000などの要求事項が変更されたことへの対応力量や、認証取得前の事前検証などを目的に実施される場合も増えてきている。

4.7.2　工場点検の準備と注意

監査側の販売者が、事前の承諾なしに強制的にこれらの工場点検を実施した場合、公正取引規約の優越的地位の乱用にあたる場合がある。取引契約時にあらかじめ監査も実施することを契約書で交わすことが望ましいと思われる。

また点検当日に行う点検手法や必要な時間、面談やアテンドしていただきたい方々へのアポイントも重要となるだろう。

4.7.3　工場点検の項目

工場点検は、食品関連事業者が自ら品質管理の重要性を社内に訴え、組織的な活動として品質管理基準に照らして、日常的にばらつき管理を健全に実施しているかを現場へ出向き確認することになる。

点検項目を大きく分類すると、先ずは食品安全を標榜する組織体制、原材料品質管理、製造環境の品質管理、製造工程の品質管理、品質管理状態を検証する機能、第三者による監査・認証の有無などが着眼点となる。

初回製造前に行う場合は、およそ全ての項目について監査を行うこととなるのが一般的である。そうでなければ、潜在リスクを察知することが難しいからである。それ以降の点検項目は、監査側の都合で決定しても良いかもしれない。

4.7.4　工場点検の手段

工場点検の評価は、点検者の力量によって左右されやすい。また、監査される側にとっては監査する取引先によって、要求事項や合否判定基準が異なり、一体どうしたら良いのかを戸惑う事業者も少なくは無い。このような状態を改善すべく、農林水産省食料産業局食品製造課食品企業行動室では、フード・コミュニケーション・プロジェクト（FCP）を設立して、国内大手販社の参加によって「FCP共通工場監査項目」という工場点検表を平成27年2月26日に公開した。

1)　工場点検表を使う

これは、工場監査を受ける側と実施する側が、効率的に監査を進めることを目的に、監査で求められる確認項目を整理したチェックシートである。工場点検の際に必要と想定される項目を網羅しているのでかなり多くの項目となっているが、実際に活用する場合は監査目的に沿って選んだ項目を利用するのが良い。

また、制度化されたHACCPの状態を監査するならば、厚生労働省が発行している「HACCP自主点検表」に照らして項目を決定することも良いと考える。

（食安監発0331第6号 平成27年3月31日：https://www.mhlw.go.jp/file/06-Seisakujouhou-11130500-Shokuhinanzenbu/0000161650.pdf）

2)　工場点検の事前情報確認

新規の取引先については、ホームページや信用調査会社の情報を事前に確認する。継続する取引先の事業者の場合は、これまでのクレーム履歴、検査結果、商品仕様書や表示内容などを事前に確認する。特に、食品表示法に関わるコンプライアンス事項の商品仕様書や表示内容は事前に再確認してから点検を行うようにしなければ、当時の点検時間が足りなくなる場合がある。

3)　工場点検に持参する道具

一般的に使用される道具は、工場点検表と筆記用具である。筆記用具は異物混入や改竄（かいざん）を避けるため、鉛筆やシャープペンシルは使用せず、消せないボールペンに首掛けストラップを取り付けて持参する。その他には、照度計、風速計、カメラ、ビデオ、小型ライトやレーザーポインターなどもあるとより事実に基づく評価がしやすくなるだろう。また、ATP測定器、塩素濃度計、アレルゲンタンパク測定機器、なども有効なアイテムとなる。特にアレルゲンのクロスコンタクトリスクは、ハザード管理になるので今後は必須アイテムとなるのではないだろうか。

4)　工場点検のインタビュー

工場点検では、さまざまな立場の方へインタビューを行う場面がある。経営者や品質管理の管掌役員、品質管理責任者や担当者と検査員、そして現場の従業員などが対象となる。ただでさえ緊張感が高まるシーンなので、必要がない質問や意見交換は現場でトラブルが生じる可能性があるので、注意して行って欲しい。

そして質問の方法は、所謂オープンクエッションという方法で行うと良い。例えば「この加熱の温度と時間は90℃90秒以上ですか？」と尋ねると、相手はYESかNOで容易に返答してくるので、この場合のオープンクエッションは、「この加熱工程はどのような管理基準を定めていますか？それは何故ですか？」などと尋ねると相手の力量も把握しやすくなる。

5)　点検結果の扱いと評価の方法

点検は、事実に基づく評価を行わなければならない。食品衛生法や食品表示法などの関連法規に抵触している場合や、明らかに重要なハザード管理に不具合がある場合は、必ず改善に向けた組織の取り組や考え方についても評価を行う必要がある。その他の場合は、軽微な改善事項と重要な改善事項を明確にし、改善された内容のレベルや時期を確認する。後日、報告される改善結果の状態も、時を置かず速やかに再度そのレベルについて不測がないか評価を行う。

6)　工場点検報告書の作成

点検終了時のクローズドミーティングでは、監査に協力いただいた感謝を表し、全体評価を伝える。場合によってはその場で報告書を作成し、点検者と点検を受けた者が直筆の署名を行う事もある。

4.7.5　さらに点検手段をシステムソリューションで単純化し標準化する

2019年末から世界中を震撼させている新型コロナウイルス問題を背景に、現場へ出向かず、インターネットを活用したリモート監査システムが開発されている（参考：(株) シナプスイノベーション https://www.synapse-i.jp/solution/umremote)。この場合、相互のコミュニ

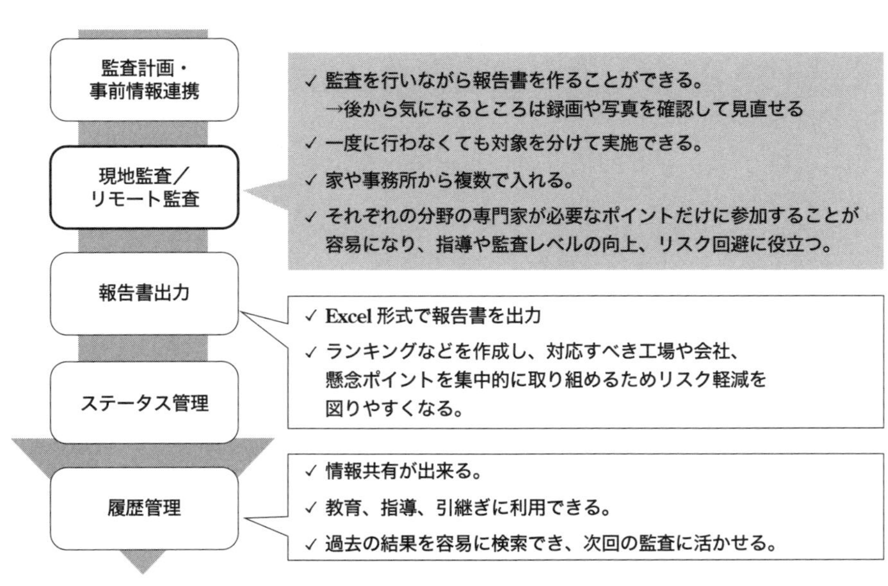

図4-10　リモート監査システムの機能（参考：(株) シナプスイノベーション HP)

ケーションに時間を要す都合、製造環境調査の5Sチェックだけとか、重要な製造工程の管理状況などに限定し、効率性を鑑みて項目を決定した方が良いかもしれない。

さいごに

これまでの衛生管理の考え方は、今後も国際ハーモナイズされる動きがあり、たとえばコーデックスでは、2020年の会議でHACCP要求事項の見直しとあらたな項目が追加され、まもなく対訳版が国内で発行されている。したがってこれまで解説したように、工場点検を行う者は食品衛生に関わる情勢認識があり、また法制化されたHACCPシステムについては、商品や製造工程を観察しおよその危害分析評価ができる力量が求められる。

また、点検される側についても同等、もしくはそれ以上の力量が求められる。今、日本経済は自給率の低下が進み、今後の国際貿易との関係がこれまで以上に重要になると思われる。また、コロナ禍以降の競合対策としても差別化、ブランド化の強化は必須課題と言えよう。

点検者は力量を弛まずに高め、また監査を受ける側は外部監査を避けず、今こそ積極的に受け入れて客観的評価に基づく品質管理強化に取り組んでいただければ幸いである。

参考文献

1)　社団法人日本食品衛生協会：食品の安全を創るHACCP、社団法人日本食品衛生協会（2005）
2)　厚生省生活衛生局乳肉衛生課（監修）：HACCP作成ガイド、社団法人日本食品衛生協会（2005）

（高澤 秀行）

第５章　食品安全マネジメント手法

はじめに

安全・安心な食品を消費者に届けるために、食品安全を脅かすハザード（危害要因）に対して適切に管理する仕組みの構築とともに、仕組みの運用による保証が求められている。

その際、食品安全の管理について一定のレベル以上であることを認めるものとして食品安全認証制度が存在する。これは、第三者である機関が食品等事業者の施設設備、環境や作業者の管理などについて、食品安全における要求レベルに達しているか確認し認証を与えるものである。

実際には、一次生産品や加工食品など食品のカテゴリーはさまざまにあり、また各国の食品産業の管理レベルや食文化の違いによって、食品安全における要求レベルが異なるため、さまざまな認証制度が存在する。

本章では、食品安全認証制度を取り巻く動向を、国や地域、国際機関、産業界それぞれの動向について整理するとともに、国際的な食品安全認証制度の事例を挙げる。また、食品安全認証制度の骨格であり、食品衛生管理手法であるHACCP（ハサップ）について概要を示す。

5.1　食品安全認証制度を取り巻く動向

5.1.1　諸外国の動向

1)　米　　国

① 適正製造基準

適正製造基準（Good Manufacturing Practice, GMP）は1960年代から米国で採用された規則である。よりよい品質や健全性を有する医薬品・食品等を製造するための製造時の管理・遵守事項が定められたものである。その後、1973年、米国食品・医薬品管理局（Food and Drug Administration, 以下「FDA」という）がHACCPの概念を取り入れた「低酸性缶詰食品」の適正製造基準（GMP）を制定した。

また、米国の適正製造基準（GMP）*[1]は法的強制力を持つ連邦規則である。GMPの主たる目的は「製品が汚染されないようにすること」であるが、「具体的にどのように実現するか」という手順までは示されていない。

なお、米国のGMPの内容はCodex委員会「食品衛生の一般原則」や日本でも医薬品に対して薬機法に取り入れられている。しかし、日本においては食品衛生法に基づき地方自治体が定める「施設基準」・「管理運営基準」に該当しているものの、法律に基づいたGMPの策定はされていない。

② HACCPの義務化

FDAおよび農務省（Department of Agricalture, 以下「USDA」という）は，魚介類および食肉・食鳥肉の衛生規制にHACCPシステム適用を義務付けており、魚介類およびその加工品は1997年12月より、食肉・食鳥肉およびそれらの加工品は処理施設の規模に応じて1998年1月から2000年1月にかけて段階的に実施された。さらに、果実・野菜の飲料にその適用が拡大され、2002年から段階的に実施される。また、FDAは1998年、食品の調理または小売におけるHACCP適用に関する指針案を策定している。このほか、FDAは「食品の安全性管理：飲食店、食品の販売施設、その他の小売段階の食品営業施設に対するHACCP原則の指針」を指針案として、1998年4月に公表した。その後、2006年に飲食店などのリテール・フードサービス分野におけるHACCP導入を促進するためにFDAがガイドラインを公表している。

現在､連邦規則に基づく法的な措置として､FDAが「水産物」（1997年より施行）および「果実・野菜の飲料」（2002年より施行）の加工・輸入に対して、またUSDAの食品安全検査局（FSIS）が「食肉および食肉製品」（1998年より施行）の取扱いに対して、HACCPシステムによる衛生管理を義務付けている。

③ 食品安全強化法

2011年1月に成立した食品安全強化法（Food Safety Modernization Act, FSMA）は、FDAの権限の強化とともに、米国内で消費される食品を製造、加工、包装、保管する全ての施設について、HACCPの概念を取り入れた食品安全計画の策定・実施を義務付けている。

また、FDAは2013年1月、食品安全強化法第103条「危害要因分析およびリスクに基づく予防管理」および第105条「農産物安全基準」の規則案と、合わせて食品安全強化法第103条に基づく規則案を含む681ページにわたる文書を公表した。

規則案は、同法第103条で定められている、食品関連施設にハザード分析、およびリスクに基づく予防管理措置に関する計画（食品安全計画）の策定・実行の義務化について、その具体的内容を示すものである。この規則案は、これまで水産食品や、ジュースにのみ義

*[1] 米国におけるGMPをcGMP（current GMPの略）といい、「現行適正製造基準」の意。

表 5-1　主な FSMA の条文

主な条文	内　容
102 条	食品関連施設の登録に関する新要件
103 条	危害要因分析及びリスクに基づく予防的管理措置（PCHF）
105 条	生鮮農産物ガイドライン、生鮮農産物安全基準
301 条	外国供給業者検証プログラム（FSVP）
302 条	任意適格輸入業者プログラム
303 条	輸入食品に対する証明書の要求
307 条	第三者監査人の認定

（出所）海外の HACCP の取組について、厚生労働省、http://www.mhlw.go.jp/file/05-Shingikai-11121000-Iyakushokuhinkyoku-Soumuka/0000021677.pdf

務付けられていた HACCP による衛生管理の対象を、ほぼすべての食品に広げるものである。

なお、この規則名になっている「危害要因分析及びリスクベースの未然予防管理」（Hazard Analysis and Risk-Based Preventive Controls）は通称 HARPC（ハープシー）と称しており、独立行政法人日本貿易振興機構（JETRO）は HARPC について「HACCP より進んだ、新たな包括的危害管理手法」と述べている＊[2]。

この規則案には、食品関連施設の所有者、運営者または代理人に対して、文書によるハザード分析を義務付けている。ハザード分析では、既知、または合理的に予見可能なハザードについて、それらが起こる合理的可能性があるかどうかを判断するため、施設が製造、加工、包装または保管する食品の種類ごとに、そうしたハザードを特定し、評価しなければならない。また、ハザード分析は、ハザードが実際に発生した場合の疾病または傷害の程度も考慮したものでなければならない。既知、または合理的に予測可能なハザードには、生物的・化学的・物理的（放射線ハザードを含む）なハザードが含まれている。

米国の食品輸入者については、輸入食品の安全性の検証（HACCP を導入して製造されたか、不良ではないか、不当表示ではないか）を義務付けている。日本の食品関連企業にも、FDA への食品関連施設の登録更新や、FDA の施設検査の大幅増加など、具体的な影響が生じている。

また、第 301 条「外国供給業者検証プログラム」（Foreign Supplier Verification Program, FSVP）に基づき、バイオテロ法の規程に基づく登録食品関連施設（米国内・外）に対し、HACCP を取り入れ食品への危害要因分析と予防的管理措置の計画・実行を義務付けている＊[3]。

＊[2]　独立行政法人日本貿易振興機構（JETRO）ホームページ資料
https://www.jetro.go.jp/ext_images/world/n_america/us/foods/fsma_seminar_rp/pdf/20160202/1jp.pdf
＊[3]　Food & Agriculture 2013 年 3 月 4 日発行 2928 号、JETRO

2) E U

1993年に、HACCPシステムの適用を含む食品衛生規制に関するEC指令（93/43/EC）を公布し、加盟国は1996年以降この内容を適用することとし、「水産食品」、「乳・乳製品」、「食肉製品」などの動物性食品を中心に、HACCPによる衛生管理を義務付けてきた。

また、欧州委員会は2000年に「食品安全に関する白書」を公表し、2002年には「欧州食品安全機関」（European Food Safety Authority, EFSA）を創設して、食品安全施策の充実強化を図った。

その後、2004年に制定された「全ての食品に適用される衛生上の一般的規則（EC852/2004）」等（以下「包括的衛生規則」という）に基づき、一次生産（農場レベル）を除く食品産業のあらゆる部門に、自己監視プログラムおよびCodex委員会「食品衛生の一般原則」、Codex委員会のガイドラインに沿った本来的なHACCP原則の適用が義務付けられている。ただし、HACCPシステムの適用が困難な中小企業や地域における伝統的な生産方法等に対しては、弾力的に運用することを認めている。

3) 中　国

① 中華人民共和国食品安全法

2009年2月28日の第11期全国人民代表大会常務委員会第7回会議において、「中華人民共和国食品安全法」（以下「食品安全法」という）が議決され、同年6月1日に施行された。

食品安全法では、食品製造・販売企業が適正製造基準（GMP）要件を満たすこと、HACCPシステムを実施し、食品安全の管理レベルを向上させることを奨励すると規定している。また、「HACCP管理体系認証管理規定」（以下「規定」という）では、政府は輸出食品の生産・加工事業者に対して、HACCP管理体系を構築して実施することを促進している。さらに、この「規定」では輸出食品の生産・加工事業者で「輸出食品生産企業HACCP体系的認証の必要な品目目録」に掲載されている品目（缶詰、水産品、肉・肉製品、冷凍野菜、果物・野菜ジュース、肉・水産品を含む冷凍インスタント食品、乳・乳製品）の企業は、HACCP管理体系の構築・実施を行わなければならないとしている。

「規定」5条では、企業は国の食品の安全に係る衛生条件を満たした上、HACCP管理体系を構築することとし、企業は「規定」に定められた8項目の衛生要件を確保するため、衛生標準作業手順を構築し実施しなければならないとしている。また、「規定」6条ではHACCP管理体系の基本原則を挙げており、HACCPの7原則を規定している。

② HACCP認証制度

1997年にHACCPを導入し139の対米輸出食品企業を認証した。その後、缶詰食品、水産物、肉・肉製品、冷凍野菜、果物や野菜ジュース、冷凍コンビニエンス食品といったリスクの高い6品目の食品について、HACCP認証を強制的に確立した。

主管は中国国家質量監督検験検疫総局の傘下にある中国国家認証認可監督管理委員会

（CNCA）である。また、認可機関は中国合格評定国家認可委員会（CNAS）であり、個別の認証機構に対して認証を行う資格の認可を与えている。この認証機構はCNASから認証資格の認可を受けた民間企業等であり、個別企業に対して、HACCPなどの認証を実施している。

食品生産企業107,000社が品質・安全市場参入資格を取得し、2,675社がHACCP認証を取得している*4,5,6。

表5-2 HACCPの各国の導入状況

国　名	制度の概要
米　国	1997年より、州を越えて取り引きされる水産食品、食肉・食鳥肉およびその加工品、飲料について、順次、HACCPによる衛生管理を義務付け。 また、2011年1月に成立した「食品安全強化法（FSMA）」は、 1. 米国内で消費される食品を製造、加工、包装、保管する全ての施設のFDAへの登録とその更新を義務付けており、 2. また、対象施設においてHACCPの概念を取り入れた措置の計画・実行を義務付けている。
E　U	一次生産を除く全ての食品の生産、加工、流通事業者にHACCPの概念を取り入れた衛生管理を義務付け（2006年完全適用）。 なお、中小企業や地域における伝統的な製法等に対しては、HACCP要件の「柔軟性」（Flexibility）が認められている。
カナダ	1992年より、水産食品、食肉、食肉製品について、順次、HACCPを義務付け。
オーストラリア	1992年より、輸出向け乳および乳製品、水産食品、食肉および食肉製品について、順次、HACCPを義務付け。
韓　国	2012年より、魚肉加工品（蒲鉾類）、冷凍水産食品、冷凍食品（ピザ類、饅頭類、麺類）、氷菓子類、非加熱飲料、レトルト食品、キムチ類（白菜キムチ）について、順次、HACCPを義務付け。
台　湾	2003年より水産食品、食肉製品、乳加工品について、順次、HACCPを義務付け。
その他	ロシア、メキシコ、ベトナムにおいて、HACCPの導入を模索中。 また、中国、インド、タイでは、輸出食品にHACCPを義務付け。

平成27年2月 厚生労働省食品安全部監視安全課HACCP企画推進室「HACCP導入普及推進の取組」より

5.1.2　国内の動向

1)　食品衛生法の改正

2018年に食品衛生法が15年ぶりに改正され6月に公布された。

改正に先立ち、食品衛生の現状と課題を整理し、課題解決のために中長期的に取り組むべき事項を含めて食品衛生法の改正の方向性を議論するため、12人の委員から構成される食品衛生法改正懇談会（以下「改正懇談会」という）が設けられ、2017年9月から11月に

---

*4　中国食品安全法制の新局面～「中華人民共和国食品安全法」の制定～、農林水産委員会調査室

*5　中国における食品安全行政の新局面及びその課題―国務院機構改革と日本の経験―（農林水産委員会調査室）、九州大学附属図書館

*6　中国食品安全法制の新局面（農林水産委員会調査室）、参議院

かけて合計5回議論された。

食品衛生法については、これまでも食をめぐる環境の変化、あるいはその時々に発生した食品衛生に関する問題に対応するための改正がなされてきた。2003年に改正が行われており、当時はBSE（牛海綿状脳症）の問題や中国産冷凍野菜中の基準値を超過した残留農薬の検出などにより、食の安全に対する国民の不安が高まっていた。これに対応するため食品のリスク評価を行う食品安全委員会が内閣府に設置されるとともに食品安全基本法が制定され、これにあわせて食品衛生法についても

① 食品衛生における国等の責務の明確化

② 残留農薬に係わるポジティブリスト制の導入

③ 輸入食品、国内流通食品に対する監視の強化

④ リスクコミュニケーションの体制の強化

などを内容とする改正が行われた。

2) 改正の主な内容

今回の改正では大きく7つの点に関する改正が行われたが、そのうち3点について概要を述べる。

① HACCPの制度化

食品衛生上のハザードを科学的に分析し、危害の発生を防止するために特に重要な工程を管理するという、HACCPの考えを取り入れた衛生管理は、食中毒等の食品事故防止や事故発生時の速やかな原因究明に役立つものであり、先進国を中心に義務化が進められ、今や国際標準となっている。一方、日本では中小規模事業者等では依然として普及が進んでいないという状況があり、HACCPの制度化に取り組むこととなった。

今回の改正では厚生労働省令による基準の策定、および営業者の遵守が第51条第1項および第2項関係として盛り込まれた。施行は公布日（2018年6月13日）より2年以内*7、経過措置期間は1年とされている。

■改正懇談会では、

a) Codex委員会のガイドラインに基づく7原則を要件とする基準A*8の適用が困難な小規模事業者や一定の業種等については、基準B*8を採用することを可能とし、かつ、この基準が業界ごとの手引書等を参考に管理を行う多様なものであることを周知すべき

*7 公布日から起算して2年を越えない範囲内において政令で定める日。

*8 現在、基準Aおよび基準Bの呼称は、それぞれ「HACCPに基づく衛生管理」、HACCPの考え方を取り入れた衛生管理」に改められている。

b）HACCP導入への事業者の理解促進のために食品衛生推進員など民間人材の積極的活用、米国のようなランク付けや消費者への理解促進等についても検討すべき

c）制度の施行にあたっては十分な準備期間を設けるべき

などの意見が出された。

② 営業許可制度の見直しと営業届出制度の創設

HACCPの制度化に伴い、旧来営業許可の対象であった34営業許可業種以外の事業者（例えば漬物製造業、水産加工品製造業といった、自治体が独自に許可制度を設けているもの等）についても所在地等を把握する必要があり、営業届出制度を創設するための改正がなされた（改正法第57条関係）。あわせて現行営業許可の対象である34営業許可業種についても、実態に応じたものとするため、食中毒リスクを考慮しつつ見直しを行うための改正が行われた（改正法第54条関係、施行は公布日から3年以内）。

■改正懇談会では、

a）業種の区分については可能な限り大くくりでまとめて整理

b）営業届出制度の創設にあたっては容易に届出ができるような工夫が重要

などの意見が出された。

③ 食品リコール情報の報告制度の創設

食品衛生法に違反する食品については、同法に基づき都道府県知事等が事業者に対して当該食品の回収等を命じることができることとされており、都道府県等の判断により運用が行われている。しかし、食品等事業者が自主的に食品の回収等を行う場合もあるが、その報告を求めるしくみは食品衛生法に規定されていなかった。

そこで、食品等事業者が製造・輸入等を行った製品について、自主回収を行うとした場合の情報を国が把握し、国民に情報を提供するしくみを構築するため、リコール情報の報告制度創設のための改正が行われた（改正法第58条関係、施行は公布日より3年以内）。

■改正懇談会では、

リコール報告制度を作るにあたっては、報告を義務づける対象の範囲や報告を行う基準などを明確にするとともに、健康被害があるものの、回収に至っていない製品の情報提供についてもあわせて検討する必要がある

との意見が出された。

5.1.3　国際機関の動向

HACCPに関連する主たる国際機関として、HACCPのガイドラインを策定するCodex委員会、またHACCPに基づく事業者のマネジメントシステム認証規格ISO 22000を策定している国際標準化機構（ISO）について解説する。

1)　Codex委員会

Codex委員会（Codex Alimentarius Commission, 国際食品規格委員会）は、消費者の健康の保護、食品の公正な貿易の確保等を目的として、1963年に国際連合食糧農業機関（FAO）および世界保健機関（WHO）により設置された国際的な政府間機関であり、国際食品規格（Codex規格）の作成等を行っている（2008年5月現在）。

現在、188カ国（日本は1966年加盟）、1機関（EU）が加盟し、国際政府間機関および一定の条件を満たした国際非政府組織もオブザーバー機関として参加している。

1993年、同委員会が採択した「HACCPシステム適用のガイドライン」（CAC/RCP 1-1969, Rev. 3-1997）において、7原則12手順からなるHACCPシステムの基本概念が示され、効率的かつ効果的な食品衛生管理のための国際規格として、各国にその採用が推奨された。

その後、1997年には、用語の定義の追加・修正とあわせ、新たに「HACCPシステムとその適用に関するガイドライン」として「食品衛生の一般原則」の附属文書に組み入れられた。これにより、HACCP適用の前提条件として一般衛生管理プログラムを遵守する必要性が明確化された。また、2003年には、同ガイドラインについて、小規模・後進的な企業におけるHACCP導入を促進するための修正が行われた。

各国においては、このガイドラインに準拠した制度を構築し、HACCPシステムの普及・推進が図られており、米国・EU等では法的強制力のある衛生規制として実施されている。

食品衛生の一般原則とその附属書となるHACCP適用のためのガイドラインが採択された1997年以降、Codex食品衛生部会において、HACCPシステム適用に必須となる学術面、政策面および実務面からの検討が継続されている。食品安全におけるリスクアナリシスの要素であるリスクアセスメントについては、1999年に「微生物学的リスクアセスメント実施のための原則およびガイドライン」（CAC/GL 30 - 1999）が採択され、現在、食中毒細菌の評価が実施されている。このほか、リスクマネジメントおよび小規模ないし低開発の施設におけるHACCP適用方策に関する検討が継続されている。

2)　ISO

ISOは、スイスのジュネーブに本部を置く非政府機関International Organization for Standardization（国際標準化機構）の略称である。ISOの主な活動は社会に流通するさまざまな製品について国際的な規格の標準化に取り組み、国際的に通用する規格を制定することであり、ISOが制定した規格をISO規格という。

ISO規格は、国際的な取引をスムーズにするために、何らかの製品やサービスに関して

「世界中で同じ品質、同じレベルのものを提供できるようにする」という国際的な基準であり、制定や改訂は日本を含む世界会員数 162 カ国(2017 年 12 月現在)の参加国の投票によって決まる。

身近な ISO 規格の例として、非常口のマーク（ISO 7010）やカードのサイズ（ISO/IEC 7810)、ネジ（ISO 68）といったものが挙げられ、これらは製品そのものを対象とする「モノ規格」と称している。

一方で、製品の製造過程における企業の取組みのうち、マネジメントシステム標準（Management System Standard, MSS）についての国際標準を策定する取組みがひろがっている。製品そのものではなく、組織の品質活動や環境活動を管理するための仕組み（マネジメントシステム）について ISO 規格が制定されており、これらは「マネジメントシステム規格」といい、品質マネジメントシステム（ISO 9001）や環境マネジメントシステム（ISO 14001）などの規格が該当する。つまり、「ISO マネジメントシステム規格」とは、「ISO が策定したマネジメントシステムに関する規格」である。

食品安全分野では ISO/TC34（農産食品）で審議された ISO 22000「食品安全マネジメントシステムーフードチェーンの組織に対する要求事項」がある。

5.1.4　産業界の動向―GFSI を中心に

GFSI（Global Food Safety Initiative, 世界食品安全イニシアチブ）は、TCGF（The Consumer Goods Forum, 消費財フォーラム）傘下の食品安全の推進母体である。TCGF は世界的な食品の流通、製造のネットワークであり、5 つの課題「新たな業界共通トレンド」、「サスティナビリティ」、「セーフティ＆ヘルス」、「更なる基本業務遂行力」および「知識共有と人材育成」を軸に活動を展開している。GFSI は TCGF の「セーフティ＆ヘルス」の一環として取組みが行われている。

小売業、製造業、食品サービス業、認定・認証機関、食品の安全に関する国際機関が参加し、以下の活動を行っている。

a）食品の安全性に関するリスクを軽減するために、従来の食品安全マネジメントスキーム間の収束と等価性を図ること。

b）業務の重複を軽減し、効率化することで、食品システム全体のコスト効率を高めること。

c）一貫した食品システムを築くため、食品安全の遂行能力を高めること。

d）ステークホールダーに対して、コラボレーション、知識共有とネットワーク作りができるような国際的な場を提供すること。

GFSI の活動のうち、製造・流通分野に特に大きな影響を与えつつあるのが、食品安全に関するスキーム（仕組み）の受け入れである。これは、GFSI に参加している流通業のうち特に影響力のある欧米 8 社の小売企業（Carrefour, Tesco, Metro, Migros, Ahold, Wal-Mart, Delhaize, ICA）が、GFSIによりベンチマーク（審査・承認）された食品安全に関するスキームについて、一旦認証されたものはどこでも受け入れられる、との考え方に沿い、いずれかのスキームによる認証を取得していれば、8社が共通的に受け入れることにより、製造業者側の認証の重複によるコスト増大を避けようとするものである。

ベンチマークの手順や基準を示したガイダンスドキュメント*9（GFSI Guidance Document、以下「ガイダンス文書」という）を公表し、スキームの評価を行っている。2011年1月に公表されたガイダンス文書第7版は、大きくは3つのパートで構成されている。

●**パート1　ベンチマーク（審査・承認）手順**

GFSIがスキームをベンチマークするための手順を示している。

マネジメントシステム審査に関連するISO/IEC 17021「適合性評価－マネジメントシステムの審査および認証を行う機関に対する要求事項」、ISO/IEC 17011「適合性評価-適合性評価機関の認定を行う機関に対する一般要求事項」やISO 22003「食品安全マネジメントシステム－食品安全マネジメントシステムの審査および認証を行う機関に対する要求事項」等が義務的な引用規格として示されている。

●**パート2　スキーム管理のための要求事項**

対象となるスキームがその所有者によってどのように管理されなければならないかについて、要求事項を示している。

食品安全スキームがGFSIにベンチマークされるための適格性、食品安全スキームの所有および管理並びにGFSIによる継続的な認定のための要求事項を示している。

●**パート3　スキームの適用範囲および重要な要素**

食品安全スキームをベンチマークするための要求事項を示しており、食品企業や流通業にとっては最も関連の深い部分である。

これらのうち、パート3では食品安全スキームの構成を、食品安全マネジメントシステム（Food safety management system、以下「FSMS」という）、HACCP、適正基準の3種類の要求項目に大別するとともに、マネジメントに関する要求事項に加え、適正農業基準GAPや適正製造基準GMP（内容的には一般衛生管理）が、HACCPと同様のウェイトで示されており、

*9　2017年GFSI Benchmarking Requirements（GFSIベンチマーク要件）と改称され、第7.2版が公開されている（2019年1月現在）

GFSIが一般衛生管理を重要視していることがうかがえる。

なお、2007年にはスキーム評価の基準を示したガイダンス文書第5版とISO 22000を比較したポジション・ペーパーを公表している。これによると、ガイダンス文書に記載している適正製造基準（GMP）に対しての詳細な要求事項と比較して、ISO 22000にはGMPの詳細な要求は示されていないとしている。ISO 22000には前提条件プログラム（Prerequisite Program, PRP）の要求事項が含まれているが、詳細な内容が示されていないため、ガイダンスに基づく評価が困難だとしている。

5.2 マネジメントシステムとは

組織の中でメンバーが同じ目標に向かって行動するためには、管理（マネジメント）が必要不可欠である。また、組織としてのルールを作り守ることによって、組織を運営していくことになる。この組織を運営するためのルールが「規程」や「手順」であり、それらを運用するためには「責任」や「権限」を明確にしなければならない。

「規程」や「手順」、またこれらを実際に運用するための「責任」や「権限」の体系を「マネジメントシステム」という。つまり、「マネジメントシステム」とは、目標を達成するために組織を適切に指揮・管理する「仕組み」のことであるといえる。

5.2.1 マネジメントシステム規格の種類

マネジメントシステム規格としては、ISOが発行するISO 9001やISO 14001が最も有名である。ISO 9001は顧客に提供する製品・サービスの品質を継続的に向上させていくことを目的とした品質マネジメントシステムの規格であり、ISO 14001はサステナビリティ（持続可能性）の考えのもと、環境リスクの低減および環境への貢献を目指す環境マネジメントシステムの規格である。

ISO 9001やISO 14001はあらゆる業界で使用できる規格で、普遍的な内容にまとめられたものであるが、それぞれの業界でより実践的に使用できるようにISO 9001をベースに業界固有の要素について追加要求事項を規定したものがセクター規格である。具体的には、ISO 22000（食品安全分野）、IATF 16949（自動車分野）、JIS Q 9100（航空宇宙分野）などが挙げられる。

5.2.2 マネジメントシステム認証制度の仕組み

ISOマネジメントシステム規格は「要求事項」という基準が定められている。認証機関は組織がこの基準を満たしているかを審査し、満たしていれば組織に対して認証証明書（登録証）を発行している。利害関係のない認証機関が認証を与えることで、組織は社会的信頼を得ることができる。この一連の仕組みを「マネジメントシステム認証制度」と称している。

5.2.3　マネジメントシステム認証制度の普及した背景

製造における製品の不良率を下げ、コストを落とすための有益なツールとして、品質管理・品質保証という考え方が急速に進む中で、こういった取組みを制度として整備する動きが生まれた。英国が国家規格としての品質保証のモデルを作り、それをもとにISOによって国際規格ISO 9001が制定された。

1987年、「品質保証のモデル規格」としてISO 9001が発行され、これによりISOの認証制度が始まった。現在、190カ国以上でおよそ120万組織がISO 9001認証を取得しているといわれている。

ISO 9001の認証取得は、日本企業にとって欧米に製品を輸出する際に、相手の信頼を得られるというメリットがあり、多くの企業が認証取得に取り組んだ。やがて日本製品の品質が向上すると、単に輸出のためだけではなく、国内の顧客の信頼を得たり、社内における仕事の活性化を図ったりするためにも使われるようになった。こうしてマネジメントシステム認証制度は社会的な仕組みとして定着していった。

5.2.4　マネジメントシステム認証取得の効果

認証取得の効果としては、次のよう視点が挙げられる。

a)　第三者の証明による社会的信頼の獲得

認証機関という外部の第三者から証明（認証）を得ることで、組織内外に対する説明責任を果たすことができ、それによって社会的信頼を得ることができる。

b)　第三者の視点による問題点の発見

ISOマネジメントシステム規格には、組織を管理・運営するために必要となる「要求事項」が定められている。

第三者である認証機関が審査する際、認証機関の審査員は、組織がその要求事項を満たしているか（「適合」）、満たしていないか（「不適合」）をチェックしている。要求事項を満たさない箇所が審査で見つかったときには不適合となり、組織は検出された不適合の原因を除去する処置（「是正処置」）を行う必要がある。

このように、組織内だけでは気付かない問題点を外部の視点から発見し、組織が是正処置をとることによって、マネジメントシステムを改善していくことができる。

c)　定期的な審査による継続的改善

マネジメントシステム認証制度は一度認証を取得して終わりというものではない。認証を維持するために毎年審査を受ける必要があり、それによって顧客に提供する製品の品質を維持し（品質保証）、不良率を低下させる、顧客満足度を向上させる（品質改善）といった継続的な改善が可能となる。

5.2.5　マネジメントシステムのPDCAサイクル

企業などの組織がマネジメントシステムを構築する際にまず検討するべきは、組織が取り組むべき課題（目標）の設定である。課題の設定のためには、組織の内外にあるリスクを洗い出し、それらのリスクを管理する必要がある。

まず管理する対象（食品安全や品質など）における問題点を列挙し、リスクの大きさに応じて優先順位を決め、課題を設定する。その次に、課題を解決するための「計画・方策**(Plan)**」を立て、それを「実施（**Do)**」する。さらに実施した結果が課題の解決につながったかどうかを検証し、必要に応じて課題を「見直し（**Check)**」を行い、実施方法を変更するなどの「改善（**Act)**」を進め、次の活動に繋げていく。

このように、課題の設定に始まる「計画(Plan)→実施(Do)→見直し(Check)→改善(Act)」という組織活動のループを「PDCAサイクル」と称するが、マネジメントシステムでは、個別の管理対象に焦点をあててPDCAサイクルを回すこと、すなわち「継続的改善」を行っていくことが要求事項として定められている。

組織が置かれている状況は、業種や会社の規模、地域や従業員などのさまざまな要因によって決まるため、列挙する課題も優先順位を決める判断基準も、課題を解決する方法も組織ごとに異なる。つまり、構築するマネジメントシステムは一律ではなく、個々の組織によって異なるものができるのである。

マネジメントシステム規格は組織を管理するために必要な要素が挙げられているため、国際基準として全世界で通用し、また社内管理のための有効なツールでもある。認証制度を活用して自組織の活動の仕組みについて認証を取得することは、組織の企業価値を高めることにもつながる。

5.3　食品安全認証制度の骨格となるHACCP

5.3.1　HACCPの概要

HACCPとは、Hazard Analysis and Critical Control Pointのそれぞれの頭文字をとった略称で「危害要因分析および重要管理点」と訳されている。

HACCPは、原料の入荷・受入から製造工程、さらには製品の出荷までのあらゆる工程において、発生するおそれのある生物的・化学的・物理的なハザードをあらかじめ分析（危害要因分析）する。製造工程のどの段階で、どのような対策を講じればハザードを管理（消滅、許容レベルまで減少）できるかを検討し、その工程（重要管理点）を決定し、重要管理点に対する管理基準や基準の測定法などを定め、測定した値を記録する。これらを継続的に実施することで製品の安全を確保する、科学的な衛生管理システムである。

またHACCPは、一般衛生管理プログラムと最終製品の抜取検査による品質管理の組合せによる従来の衛生管理方式に比べ、より効果的に問題のある製品の出荷を未然に防ぐことができる。万が一、食品の安全性に係る問題が生じた場合にも、モニタリング結果等を記録・保存しているため、製造または衛生管理の状況をさかのぼることで、原因の追究を容易にすることができる。

なお、HACCPを有効に機能させるためには、その基礎・土台部分に相当する、一般衛生管理プログラムを遵守し、衛生的な作業環境を確保することが大前提となるとともに、施設整備だけではなく、HACCPを含む食品衛生や品質管理についての教育を受けた従業員が、HACCPに即した手順等を日常的に遵守することが重要である。

Codex委員会が1993年に策定した「HACCPシステムとその適用のためのガイドライン」(1997年、2003年改訂)においては、HACCPシステム導入のための一般的指針として、7原則12手順を示している。ガイドラインの具体的適用にあたっては、各国が独自に食品毎に開発するものであるが、我が国を含めHACCPシステムを導入している国のほとんどは、本ガイドラインが示す原則および手順に準拠した制度を採用している。

表5-3　HACCP導入のための7原則12手順

手順・原則		求められる作業内容
手順1		HACCPのチーム編成
手順2		製品説明書の作成
手順3		意図する用途および対象となる消費者の確認
手順4		製造工程一覧図の作成
手順5		製造工程一覧図の現場確認
手順6	**原則1**	危害要因分析の実施
手順7	**原則2**	重要管理点(CCP)の決定
手順8	**原則3**	管理基準(CL)の設定
手順9	**原則4**	モニタリング方法の設定
手順10	**原則5**	改善措置の設定
手順11	**原則6**	検証方法の設定
手順12	**原則7**	記録と保存方法の設定

平成27年2月 厚生労働省食品安全部監視安全課HACCP企画推進室
「HACCP導入普及推進の取組」より

5.3.2　一般衛生管理プログラムの概要

HACCPは、食品の安全性を保証するための予防的システムであるが、それのみで機能するわけではない。施設の構造設備の維持や作業従事者の衛生といった一般的な衛生管理事項と、その実施のためのプログラムを基礎としたHACCPシステムを構築しなければならない。つまり、一般的な衛生管理事項とその実施のためのプログラムが一般衛生管理プログラムであり、衛生的作業環境を維持することにより、HACCPシステムの導入を一層容易なものにして、その効果を高めるために整備しておくべき衛生管理の基礎として不可欠な要件である。

一方、HACCPを適用しようとする食品の原材料やそれらの配合割合、製造の条件等は、食品の品目ごとに固有のものであり、HACCPプランは施設ごと食品ごとに作成しなければならない。

1997年、第22回Codex総会において、国際的に流通する食品の安全性確保と貿易の円滑化を目的として、食品衛生の一般原則とその附属文書となるHACCPシステムとその適用のための指針（改訂版）および食品の微生物基準の設定と適用のための原則が採択された。

食品衛生の一般原則は、食品の生産から製造加工を経て消費に至るまで、HACCPシステムを実施する前提となる基礎的な衛生管理事項を規定したものである。

表5-4　Codex委員会　食品衛生の一般原則 主要項目

序　文	
第Ⅰ節	目的
第Ⅱ節	適用の範囲、使用および定義
第Ⅲ節	一次生産
第Ⅳ節	施設：デザインおよび設備
第Ⅴ節	作業の管理
第Ⅵ節	施設：維持管理および消毒
第Ⅶ節	施設：個人の衛生
第Ⅷ節	輸送
第Ⅸ節	製品の情報および消費者への周知
第Ⅹ節	教育訓練
付　録	危害分析および重要管理点（HACCP）システムおよびその適用のためのガイドライン

（出所）General Principles of Food Hygiene CAC/RCP 1-1969, Rev.4-2003、厚生労働省、
http://www.mhlw.go.jp/english/topics/importedfoods/guideline/dl/04.pdf

食品衛生の一般原則は、食品の一次生産では、環境衛生、衛生的な生産、食品の取扱い、保管、輸送等について、食品の製造加工では、施設の構造設備、維持と衛生、製造加工工程の管理、従事者の衛生の要件について規定するほか、食品表示等による適切な製品情報の提示、従事者に対する教育訓練の重要性に言及している。

食品製造等の現場にHACCPの適用を意図するのであれば、その施設における一般的な衛生管理事項を自ら設定して、衛生管理の目標を確実に達成するために必要な仕組みを先に作り上げなければならない。

一般衛生管理プログラム作成時に留意すべき事項として、次のようなことが考えられる。

a) その施設において製造加工する食品の特性に適合した目標となる製造環境の衛生管理レベル、製品自体の衛生規格等を設定する。

b) その目標を、確実に達成しうる管理体制の構築に必要な衛生管理事項を衛生規制として規定されたものを最低限として、必要に応じて規制事項を超えるものも含め自らの施設に適応した事項を設定する。

c) その施設に適応した一般衛生管理事項とは、経営者の方針、構造設備、製造加工の方法、製品の特性、従事者の能力等に依存することから、自らの施設において

達成可能な事項を設定する。

d）以上のように設定した一般衛生管理事項は、当該施設固有のものであり、フレキシブルであり、成書に記載された事項を丸写しするようなものではない。

このような一般衛生管理事項に基づき、具体的な作業内容を記載した文書を作成し、これを実行し、点検・記録、検証する仕組みが一般衛生管理プログラムであると考える。

5.4　国際的な食品安全認証制度の事例

食品の製造・加工業に対する認証制度のなかで、製品を衛生的に製造するための工程管理システムであるHACCPを、食品安全の重要なシステムとして位置づけている代表的なものを挙げる。

5.4.1　ISO 22000

各国においてHACCPシステムの普及・推進に向けた取組が進む中で、その適用にはばらつきがあるため、国際貿易における整合性の確保等が課題とされた。そのため、国際標準化機構（International Organization for Standardization, ISO）のTC34委員会（食品）により、HACCPをベースとしたFSMSに関する国際規格として、FSMSのISO 22000「Food safety management system - Requirement for any organization in the food chain（食品安全マネジメントシステム - フードチェーンのあらゆる組織に対する要求事項）」が2005年9月1日に発行された（2018年6月、ISO 22000：2018に改訂された）。

規格の主要な要求事項としては、

a）食品の製造過程の管理をより高度に確保するため、フードチェーン全体を視野に入れ、原料の仕入先や製品の納入先との相互コミュニケーションの重視

b）「計画（Plan）→実施（Do）→見直し（Check）→改善（Act）」というPDCAサイクルの採用によるマネジメンシステム

c）HACCPとISO 9000シリーズの考え方の組合せ

を求めている。

米国等では、食品の安全を確保するためのリスク管理に取り組む基本的な考え方として、“From Farm to Table”（農場から食卓まで）という言葉がある。これは食品の供給を一つの連鎖としてとらえたものであり、飼料製造業、収穫業、農業、材料製造業、食品製造業、小売業、食品サービス業、ケータリングサービス、清掃・輸送・保管・配送業などが含まれる。さらに機器、洗浄剤、包装材料、その他の食品と接触する材料のサプライヤーなども対象であり、一次生産者から消費者までの食品および材料の生産、加工、配送および取り扱いにかかわるフードチェーン全体の取り組みを通じて食品の安全を達成しようとする考え方である。

ISO 22000は、ISO 9000シリーズにおいて採用された品質マネジメントシステム要求事項の考え方を基本骨格にHACCPを取り入れたもので、フードチェーン全体における食の安全を守るための仕組みとして開発された規格である。

規格の構成は、序文、引用規格、用語の定義、FSMSの要求事項、附属書となっている。

序文で、「食品由来のハザードの適切なコントロールについて」と記載されている。ここでいうハザードは、「food safety hazard」（食品安全ハザード）を指し、「健康への悪影響をもたらす潜在性をもつ、食品における生物的、化学的又は物理的因子又はその状態」と定義され、また「food safety hazard」のNOTEでハザードとリスクの関係を混同しないようにすること、および食品安全ハザードには、アレルゲンを含むことと明記されている。さらに潜在的ハザードが飼料および飼料材料、また包装材料、洗剤などから食品に直接的、間接的に汚染転移し、食品衛生ハザードになる可能性が記載されている。

これらのハザードは、発生頻度とその重篤性を掛けあわせたリスクに基づき評価され、コントロールの手段が選択される。それらの手段について継続的改善が図れるよう、マネジメントシステムの考え方に基づきシステムが管理される。ISO 22000はハザードコントロールを確実かつ継続的に改善するためのマネジメントシステム規格である。

これまで、食品事業者による食品安全の管理は、CodexによるHACCPのガイドラインはあったものの、実際には独自に行われてきた面があった。ISO 22000という国際的な規格が策定されたことで、食品事業者間で異なるFSMSの国際的な整合化が可能となるとともに、これまでHACCPの前提条件プログラムが明確化されていなかった業態・品目においても国際的に標準化されたマネジメントシステムを採用することができるようになった。また、ISO 22000の前提条件プログラムをより具体化したものとして、2009年にISO/TS 22002-1が発行されている。前提条件プログラム規格についてはその後必要な分野について順次検討が行われ、ISO/TS22002シリーズとして発行されている。

なお、企業にとってISO 22000の認証を取得することは、食品の安全管理体制を構築する取組を社会的に示すことになるとともに、企業の社会的責任（Corporate Social Responsibility, CSR）を果たすことにもなるといった側面がある。一方で、認証取得が、食品の安全性を保証するものではなく、あくまで企業が一定の基準に基づいて製造していることを示すものである。

ここでいうISO規格を用いたマネジメントシステム認証とは、作成製品の性能値や製造プロセス、あるいは製品の試験や検査に関する基準ではなく、組織のマネジメントシステムに関する基準に基づく認証ということであり、特定の製品に限定されず、品質に関して製品や業種の広い範囲にわたって利用できる基準であったため、世界的に品質マネジメントシステムの認証が普及するに至った。日本国内のISO 22000の認証数は、2,117件（2018年3月末現在）である。

5.4.2　FSSC 22000

FFSC（Foundation for Food Safety Certification）が開発・運営している食品安全システム認証のスキーム（仕組み）である。

1)　FSSC 22000 誕生の経緯

GFSI のガイダンス文書は、食品安全規格に対して次の3項目の規程を要求している。

a)　食品安全マネジメントシステムがあること

b)　Good Practice（対象製品に応じて適正農業基準（GAP）、適正製造基準（GMP）、適正流通基準（GDP））があること

c)　Codex HACCP ガイドラインあるいは米国食品微生物基準諮問委員会（National Advisory Committee on Microbiological Criteria for Foods, NACMCF）の規程にもとづくHACCP 規格があること

ISO 22000 は、上記 a）に関して購入品の管理などは若干不十分なところがあるが、ほぼ、適合し、c）は適合している。一方、b）の Good Practice に関しては、「7.2」に前提条件プログラムの要求事項があり、その「7.2.3」に“Codex の原則類や実施基準類を、国家規格、国際規格またはセクター規格を考慮して利用すること”と規定されており、さらに、要求される項目が規定されているので、一般的には適切であるが、ISO 22000 に基づく FSMS は、前提条件プログラム（PRP）などの取組みに対し、取り組むべき内容の選択は組織の選択に任されているため、衛生管理のレベルにばらつきが出るという面があった。

2008 年に ISO 22000 と合体して活用するための「前提条件プログラム」である PAS 220:2008「食品製造のための食品安全に関する前提条件プログラム」[*10] が英国規格協会（BSI）から発行された。

FSSC 22000 は ISO 22000 の 7.2 項を補強する形で前提条件プログラム（PRP）部分を詳細に示し、食品安全への取り組みをさらに推進する仕組みとなっている。具体的には、ISO 22000 と PAS 220 を組み合わせた FSSC 22000 を開発し、GFSI によって承認（以下「GFSI 承認認証スキーム」という）された。

一方、ISO が PAS 220：2008 を原案として 2009 年に ISO/TS 22002-1 を発行した。これは食品製造のための適正製造基準（GMP）である。この ISO/TS 22002-1 を活用して、スイスの組織が ISO 22000 とセットにした Synergy 22000 を開発し、食品製造組織のための食品安全規格として作成して、申請し、その承認を得た。

さらに、FFSC が PAS 220：2008 のみでなく、ISO/TS 22002-1 と ISO 22000 とをセットにしたものも FSSC 22000 であるとして GFSI に認証を申請し、認められた。その後、Synergy 22000 は FSSC 22000 に統合され、また PAS 220:2008 も廃止された。

---

*10　PAS は英国規格協会が策定する国際規格で、Publicly Available Specification の略。

FSSC 22000 認証スキームでは、FSSC 認証機関は IAF/MLA メンバーの認定機関*[11]から認定を受けることが必須となっている。また FSSC 認証機関は FFSC との契約の下で認証を行うことになっている。

2) 前提条件プログラムと ISO/TS 22002-1

先に述べたように、ISO/TS 22002-1 は製品製造に関する前提条件プログラムとして誕生した。そもそも前提条件プログラムの必要性を明確にしたのはカナダ政府である。そのHACCPである FSEP（Food Safety Enhancement Program, 1995）の中で必要性を強調したことから注目された。この FSEP のなかで、前提条件プログラム（PRP）である Prerequisite Programs は下記のように記載されている。

> FSEP のもとで、HACCP プラン開発に先立って、製造管理には直接関連はないかもしれないが、HACCP プランを支える要素を開発し、文書化し、実施するための、その施設に対する要求事項がある。これが“prerequisite programs”であり、HACCP プラン実施に先立って、その効果を監視し、検証する必要がある。“prerequisite programs”は食品施設内で、安全な食品生産に役立つ環境条件を提供する普遍的な手段や手順と定義されたものである。

直接的には安全な製品の固有の製造条件ではないが、HACCP プラン開発に先立って導入すべきものであって、例えば手洗い、清潔なユニホームの着用あるいは防虫・防そなどの安全な製品製造の普遍的な条件のことである、と述べているのである。

3) ISO/TS 22002-1 の要求事項とその考え方

ISO/TS 22002-1 の要求事項の概要を示す。

要求事項 4～13 は ISO 22000 の前提条件プログラム（PRP）でも取り扱っているが、要

表 5-5 ISO/TS 22002-1 の各項目

1. 適用範囲
2. 引用規格
3. 用語および定義
4. 建物の構造と配置
5. 施設及び作業区域の配置
6. ユーティリティ ～ 空気、水、エネルギー
7. 廃棄物処理
8. 装置の適切性、清掃・洗浄、および保守
9. 購入材料の管理 (マネジメント)
10. 交差汚染の予防手段
11. 清掃・洗浄および殺菌・消毒
12. 有害生物の防除 (ペストコントロール)
13. 要員の衛生および従業員のための施設
14. 手直し
15. 製品リコール手順
16. 倉庫保管
17. 製品情報および消費者の認識
18. 食品防御、バイオビジランスおよびバイオテロリズム

*[11] JAB（日本）、UKAS（英国）、RvA（オランダ）、ANAB（米国）など

求事項14〜18はISO/TS 22002-1独自の内容となっている。

衛生管理のみでなく、いわゆる、ISO9001に要求されている品質に関する要求事項や組織における緊急事態に対する要求事項が含まれている。

4) FSSC 22000の要求事項

FSSC 22000は3分冊の要求事項からなっている。そのうち、認証を受ける組織に求められる要求事項は「Part Ⅰ」である。「Part Ⅱ」は認証機関への要求事項であり、「Part Ⅲ」は認定機関に関する要求事項である。FSSC 22000におけるISO 22000およびISO/TS 22002-1以外の要求事項は以下の2点である。

a）ISO 22000あるいはISO/TS 22002-1の要求条項に関して、より詳細な要求事項を作成した場合や追加条項を作成した場合には文書化して対応すること

b）関連する法令規制要求事項の一覧表を作成すること

なお、認証対象のカテゴリーは順次拡大しており、食品用包装材料もFSSC 22000の認証が受けられる。ISO 22000、PAS 223およびFSSC 22000の要求事項をもとにシステムを構築して適合すれば認証が受けられるのである。

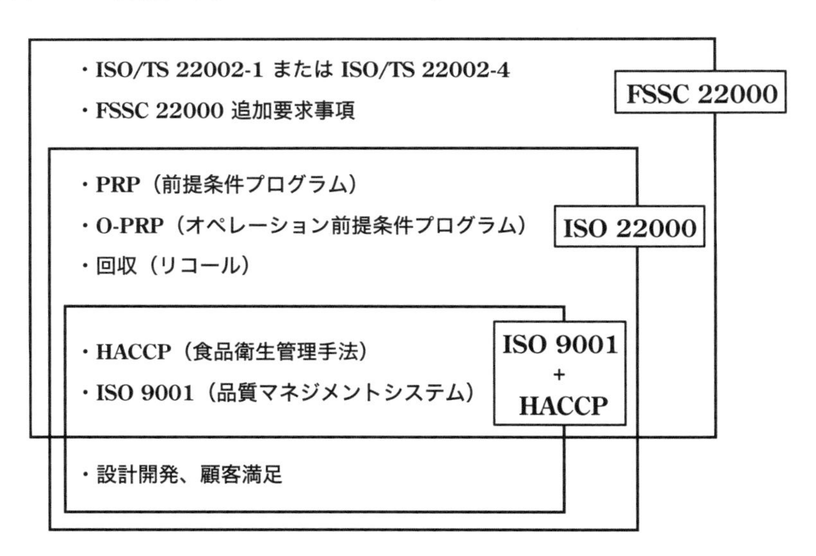

図5-1　FSSC 22000、ISO 22000、ISO 9001+HACCPとの関係

一般財団法人 日本品質保証機構ホームページより改編

5.4.3　SQF

SQF（Safe Quality Food）は食品微生物基準全米諮問委員会（National Advisory Committee on Microbiological Criteria for Food, NACMCF）、およびCodex委員会のHACCPガイドラインを基礎に、食品産業において食品の安全と品質を同時に管理する総合的な品質マネジメントシステムであり、またGFSI承認認証スキームの一つである。

SQFプログラムは1994年に西オーストラリア農務省が開発し、2003年から全米食品マー

表 5-6　国際的な食品安全の認証制度事例

認証制度名称	ISO22000	FSSC22000	SQF
運営主体	国際標準化機構（ISO）	食品安全認証財団（FFSC）	米国小売協会（FMI）
主な ターゲット	グローバル （欧州・米国・東アジアを中心に普及）	グローバル （欧州・米国・東アジアを中心に普及）	グローバル （米国・豪州を中心に普及）
規格適用者	一次産品から小売、製造・加工に利用する機材、途中の運送など、フードチェーンに直接・間接的に関わる全ての組織が認証の対象	・生鮮の肉、卵、乳製品、魚製品等 ・生鮮の果実・ジュース、野菜等 ・常温での長期保存品(缶詰、ビスケット、スナック類、油、飲料水等) ・ビタミン、添加物等	・一次産品 ・加工品 ・保管 ・物流
規格の特徴	食品に限らず一般的な品質の管理システムである ISO9001 に食品安全の基本である食品の一般衛生管理と HACCP を統合した管理システム	ISO22000 の一般衛生管理部分をより具体化した管理システム	・システムの他に製品も認証（製品に認証マーク付与可） ・食品に対する認証レベルを 3 段階設置 ・レベル 3 では衛生の他に品質における危害分析も実施

ケティング協会（Food Marketing Institute, FMI）が所有・管理している。また、FMI が設立した Safe Quality Food Institute（SQFI）が認証機関を認可している。

製造過程・製品認証の基準である SQF コードの主な特徴は、食品安全と食品品質のハザードを管理するために、HACCP を系統的に適用することを重要視している点である。

SQF とは、Safe 安全・Quality 高品質・Food 食品の略で、食品の安全と品質を管理しており、フードサプライチェーン全体の業者を対象とし、認証は 3 つのレベルから選択することができる。

●認証レベル 1「食品安全の基礎」

・新規企業および成長中の企業向けのエントリーレベル

・食品安全に関する基本要求事項（GAP, GMP, GDP）

●認証レベル 2「HACCP を基盤とした食品安全管理システム」

・高リスク製品の最低レベル

・レベル 1 の要件に加え、食品安全に関する HACCP プランの構築

●認証レベル 3「HACCP を基盤とした食品安全・品質管理システム」

・製品に品質シールド（認証マーク）を付けることができる

・レベル 1、レベル 2 の要件に加え、品質に関する HACCP プランの構築

5.4.4　その他の認証制度

1)　グローバル GAP

ドイツに本部を置く非営利組織（Food PLUS GmbH）が策定した EUREPGAP を、2007 年に名称を変更したものである。欧州を中心に世界 120 カ国以上で実践され第三者認証制度

として運用している。農作物全般や畜産に加え、水産養殖にも適用される。

2) JGAP（旧 JGAP Basic）

食の安全や環境保全に取り組む農場に与えられる日本発の認証制度である。2006年に一般財団法人日本GAP協会が設立され、2007年から第三者認証制度が始まった。2018年4月時点では800件以上の個別認証・団体認証がある。対象は青果物・穀物・茶であり、認証を取得すればJGAPの認証マークを付けることができる。

3) ASIAGAP（旧 JGAP Advance）

日本GAP協会がアジア共通のGAPのプラットフォームとして位置づけ、2017年7月に「ASIAGAP」という名称に改名し運用している。その後、GFSI承認認証スキームとして展開している。穀物、青果、茶の生産と管理が対象である。

4) JFS-C 認証スキーム

一般財団法人食品安全マネジメント協会（JFSM）が開発した日本発の食品安全認証制度である。食品安全管理の段階に合わせてA規格からC規格までがあり、マネジメントシステムの要素を含むJFS-C規格は2018年GFSI承認認証スキーム（2018年に食品製造サブセクターE IV、2020年にサブセクターE IおよびE IIが承認）となった。

おわりに

近年、食の安全に対する消費者の目は厳しさを増す一方、連日のように異物混入や食中毒による事故が報道されている。また、食品産業も例外ではなく、国内需要が頭打ちになるなかで、積極的に海外輸出を行う食品事業者も多く見られる。

「食品安全を科学的に証明できること」はこれからも常に求められる中で、食品安全認証制度を導入することで、HACCPシステム等、安全な製品を作る体制を構築することが可能となる。さらには、「食品安全を科学的に証明できること」によって、顧客や消費者に確固たる安心を提供することに通じるのである。

参考文献

1) 今城敏：HACCP構築の前提となる基盤事項の提案:HACCPの取組み拡大と国際協調をめざして．東京海洋大学大学院学位論文。https://oacis.repo.nii.ac.jp/?action=pages_view_main&active_action=repository_view_main_item_detail&item_id=1410&item_no=1&page_id=13&block_id=21（2014）
2) 独立行政法人国民生活センター：国民生活 No.76（2018）
3) 矢田富雄：現場視点で読み解く ISO/TS 22002-1:2009の実践的解釈（幸書房、2011）
4) 一般財団法人 日本品質保証機構ホームページ「ISOの基礎知識」https://www.jqa.jp/service_list/management/management_system/

（今城　敏）

第6章　職場の5Sと衛生スキルアップのための社員教育

はじめに

「5S」とは、食品製造現場において安全・安心な食品を製造するにあたり、基本的に遵守しなければならない要件であり、適切な製造環境を管理していく上で根幹となる活動である。2018年6月に公布された食品衛生法改正によりHACCP導入が制度化されたが、このHACCPシステムを取り組む場合についても、5S活動が必須となる。また、社員教育についても同様であり、5S活動をはじめとした品質管理を行うためには、企業の理念や方針などの基本から、品質管理や製造に必要な細かい規則・方法までの教育や訓練が必要になる。ここでは、食品工場における5Sの目的や教育方法について解説する。

6.1　5Sとは

一般的に、5Sは現場環境の維持と改善を行う活動の中で標準化・仕組み作りの手段として用いられ、業務の「効率化」を目指すことを目的としている。整理・整頓・清掃・清潔・躾（しつけ）の項目があり、ローマ字で書くと頭文字にSが付き5つのSで「5S」と呼ばれている（**図6-1**）。これは、滞りなく業務を遂行させるためには現場環境が整理・整頓されていて、清掃された清潔な現場が必要であり、この現場を維持するためにルールを決め、ルールを従業員に伝え、それを遂行する（躾）ということである[1-7]。

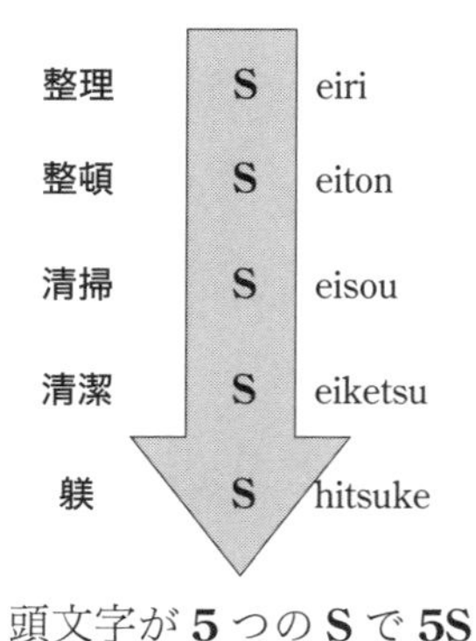

図6-1　5Sのイメージ

食品の製造現場における5Sの目的は、清潔な環境を維持することである。清潔な環境を維持するための手段として整理・整頓を行い、清掃をする。そして、この方法を徹底するためにルールを決め、それを遂行すること（躾）である。

1)　整理とは

整理とは「要るものと要らないものとの区別をし、要らないものを処分すること」である。5S活動を始める第一段階である。現場にあるものを「毎日使用するもの」「時々使用するもの」「全く使用しないもの」に区別し、「時々使用するもの」「全く使用しないもの」はその場から撤去する。現場には「毎日使用するもの」だけが残るようにする。整理・処分の判断がつかないものは期間を決め、別の場所に保管し、その一定期間を過ぎても使用しなければ処分する。例えば、以前使用していた製造機械・器具類が製造現場の隅に置かれ荷物置き場と化していたり、汚れや埃が蓄積しカビや昆虫の発生源となっていたりする。また資材保管庫では「いつか使う」「もったいない」との理由で以前の包装資材が保管されている。このような状態をなくすために、製造現場に置かれている全てのものを評価し、不要物については思い切って処分することが必要である。

2)　整頓とは

整頓とは「要るものの置く場所と置き方・数量を決めて管理すること」であり、使いたいものが「いつでも」「誰でも」「取り出して使える」状態で管理されていることである。基本は定位置・定数管理で「要るもの」の置き場所や置き方、必要な数量を決め、その場所に置いているものの名前と数量を表示する。例えば「姿絵管理」がある。置くものの形を縁取ったものや写真などで正しい置き方の画像を貼りだすことで「何を置く場所なのか」「いくつ置くのか」を一目でわかるようにすることができる。また、物を置く際に積み上げるものの高さを揃える、作業台や台車を真っ直ぐに並べるなど、水平垂直を意識することで見栄えをよくすることができる。

3)　清掃とは

清掃とは「汚れがない状態にすること」である。食品の製造現場においては施設設備の清掃だけではなく、機械器具や備品類の洗浄・殺菌も含まれる。清掃の目的は、5Sの最終目標である「清潔な環境を維持する」ために行うことであり、「清潔な環境」とは食品への微生物汚染の防止と異物混入の防止、昆虫などの誘引物質を排除することである。

清掃（洗浄・殺菌）の効果を上げるには、対象物の耐水性（特性）・汚れの状態・汚れの種類・殺菌の必要性など総合的に検討し、清掃（洗浄・殺菌）方法を決定する必要がある。また清掃（洗浄・殺菌）は誰が行ってもその結果や効率が同じでなければならない。そのため、清掃（洗浄・殺菌）方法は効果に差が出ないようにマニュアル（手順書）化するとよい。

4)　清潔とは

清潔とは「整理・整頓・清掃ができていて、きれいな状態のこと」である。食品の場合5Sの目指す目的である。食品安全に求められる「きれいな状態」とは食品への微生物二次汚染や異物混入が起きない状態や環境を指す。近年では製品に含まれないアレルゲンのクロスコンタクト（交差接触）の防止も重要とされている。

5)　躾とは

躾とは「整理・整頓・清掃・清潔における約束事やルールを守り、習慣づけること」である。5Sの中で根本的で最も重要な項目である。躾は、家庭や学校の躾とは違い、決められたルールを遂行することであり、そのために「決まったルールを現場に伝える」「ルールを決めた理由や意味を理解させる」「遂行しにくいルールを見直す」といった教育と、その教育に対するチェック機能の意味合いを強く持っている。

製造現場で決めたルールを遂行していくには、一定の知識と技術の習得が必須であるが、その効果はすぐに出るものではない。それゆえ明確な品質方針をもち、地道に取り組んでいく計画性と実践力が必要となる。

6.2 5S 活動の見える化

6.2.1 見てわかる 5S

5S 活動では、決めたルールを現場に伝え、理解させ、それを遂行し、習慣化していく。この決めたルールを現場の全従事者の共通認識として周知し定着させることは難しく、ルールの認識が統一されていない場合、その活動にはバラつきが生じ、5S が崩れる要因となる。そこで「整頓」の定位置定数管理や水平垂直管理（**図 6-2, -3, -4**）をパネルによる啓蒙表示で指示を行うことや「清掃（洗浄・殺菌)」マニュアル（手順書）(**図 6-5**) に「いつ（頻度)」「誰が（担当者)」「何を（対象設備・器具)」「どのように（方法)」をイラストや写真を用いてわかりやすく作成すると良い。このようにルールを視覚的に理解できるようにすると効果があり、共通認識として定着しやすくなる。また、ルールの失念や手順のミスなどヒューマンエラーを減らすことができる。

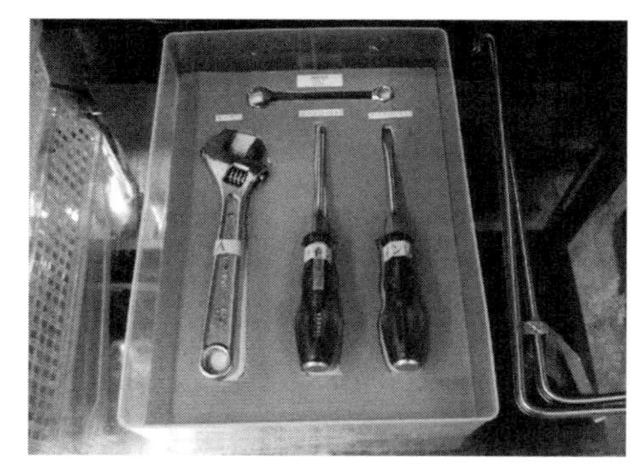

図 6-2　姿絵管理

図 6-3　定位置管理

図 6-4　水平管理

洗浄マニュアル

項 目	二枚開き機の洗浄・消毒	制定年月日	○○○○年○月○日
適用範囲	二枚開き機の洗浄・消毒について規定する。		
作業頻度	作業終了後/毎日	記録表名	

作業開始時は、アルコールを吹きかけ、消毒したのち使用する。

使用薬液	除菌洗浄剤
使用用具	スポンジ、歯ブラシ

手順1
割腹機全体を流水ですすぎ、粗ゴミを取る。歯ブラシで機械内部の粗ゴミをかき出す。刃カバー、ささえ部、押さえ部を取り外す。

手順2
刃本体と機械全体に泡をかける。

手順3
スポンジまたは歯ブラシで各部位をこすり洗う。取りはずした部品を歯ブラシでこすり洗う。

手順4
流水で十分にすすぎ、各部品を組み立てる。

手順1

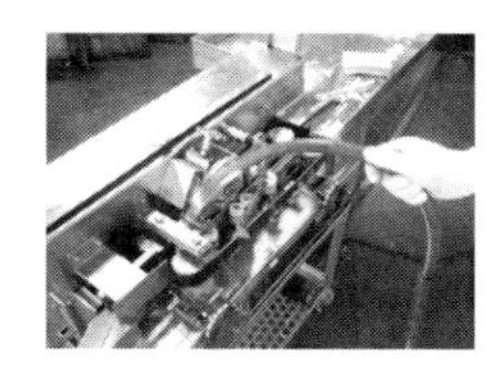

手順2

手順3

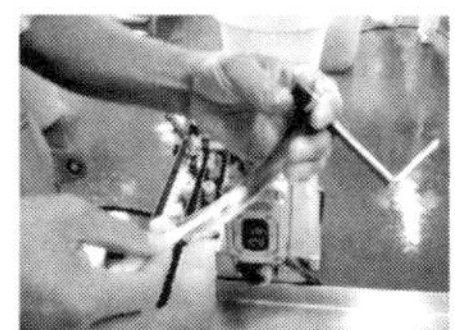

手順4

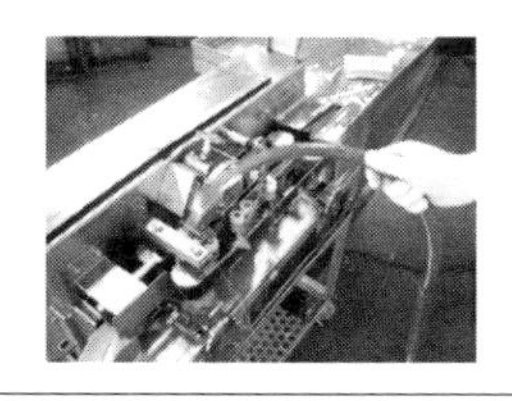

機械分解時における注意事項
・取り外したネジ等部品類は、紛失がないように作業後に点検する。

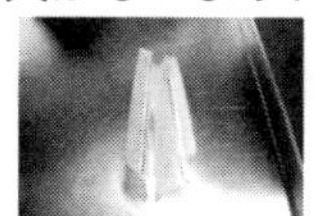

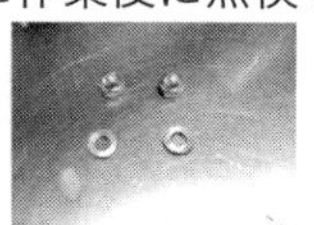

図 6-5　洗浄マニュアル

6.2.2　5S 活動の見える化

5S 活動をより良い活動とするためには、今を見える化し、改善を進める必要がある。5S 活動を形骸化しないためにも、全従業員への共通認識を目的とした「5S 活動の見える化」が効果的となる。例えば、各チームで 5S 活動を取り組んでいる場合、チーム内で様々

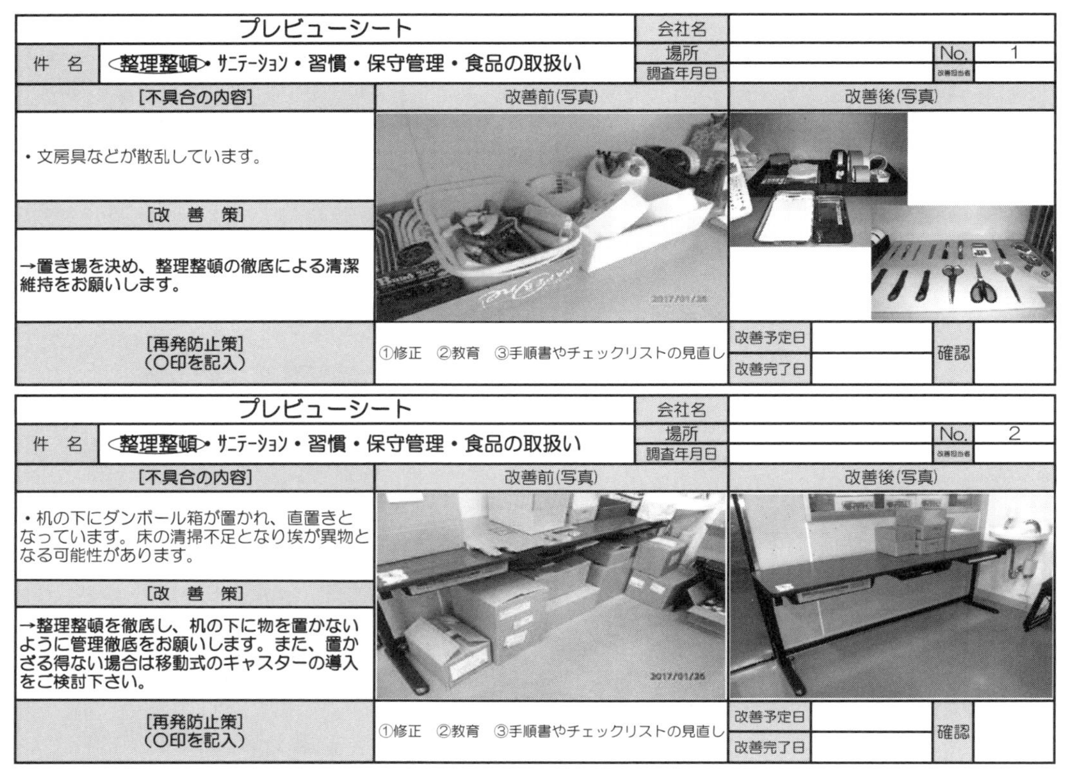

プレビューシート
会社名
件名　整理整頓・サニテーション・習慣・保守管理・食品の取扱い
場所
No. 1
調査年月日
[不具合の内容]
改善前(写真)
改善後(写真)
・文房具などが散乱しています。
[改善策]
→置き場を決め、整理整頓の徹底による清潔維持をお願いします。
[再発防止策]
(○印を記入)
①修正　②教育　③手順書やチェックリストの見直し
改善予定日
改善完了日
確認

プレビューシート
会社名
件名　整理整頓・サニテーション・習慣・保守管理・食品の取扱い
場所
No. 2
調査年月日
[不具合の内容]
改善前(写真)
改善後(写真)
・机の下にダンボール箱が置かれ、直置きとなっています。床の清掃不足となり埃が異物となる可能性があります。
[改善策]
→整理整頓を徹底し、机の下に物を置かないように管理徹底をお願いします。また、置かざる得ない場合は移動式のキャスターの導入をご検討下さい。
[再発防止策]
(○印を記入)
①修正　②教育　③手順書やチェックリストの見直し
改善予定日
改善完了日
確認

図 6-6　ビフォーアフターシート

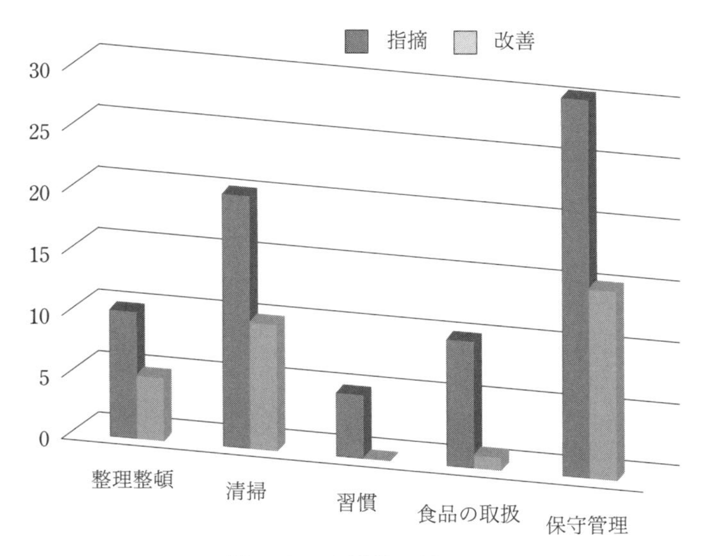

図 6-7　5S 活動のグラフ

5S 活動チェックシート
対象エリア：
自己評価実施日　：
第3者評価実施日：

確認者	実施者
月　日	月　日

	【整理】	自己評価	評価	合計	見つかった問題
1	不必要な資材、備品や工具がないこと				
2	調理器具や工具が設備の上などに放置されていないこと				
3	管理状態のわからない不良品や仕掛品が置かれていないこと				
4	収納ラックやBOX内に不要物がないこと				
5	試作用のサンプルや材料は現場に放置されていないこと				
6	使用禁止物の備品は持ち込まれていないこと				
7	許可のない私物の持ち込みや飲食物が放置されていないこと				
8	不要な資料などの紙製のものがないこと				
9	機械器具、備品が破損したものを使用していないこと。				
10	避難経路、配電盤前、消火器付近、非常口の前に不要なものがないこと				
	【整頓】	自己評価	評価	合計	見つかった問題
1	工具やテープなどの置き場に名札があり、定められた置き場で管理されていること				
2	工具など定められた置き場では数量管理されていること				
3	種類の異なる部品や製品が混在して保管されてないこと				
4	ホースが床に放置されずまき取られていること				
5	清掃用具がきめられた場所にそろっていること				
6	工程で使用するものを壁に立てかけて、置いていないこと				
7	台車や積まれたパレットは高さや配列が揃っていること				
8	配線はきれいに埃が蓄積しないように工夫されていること				
9	棚や作業台の下は清掃しやすいように高さを保持または容易に移動できること				
10	洗剤や潤滑油などは置き場を決めて在庫管理がされていること				
	【清掃】	自己評価	評価	合計	見つかった問題
1	床にごみが落ちていないこと				
2	床に水(水溜り)や油がこぼれていないこと				
3	施設設備の上にほこりがのっていないこと				
4	施設設備や機械器具の油もれ、さび、原料のくずの付着が発生していないこと				
5	製品をのせる容器や搬送台に材料かすやほこりで汚れていないこと				
6	施設設備や機械器具の下部や壁との間に汚れがないこと				
7	冷蔵庫や冷凍庫の壁面やパッキン部にカビの発生がないこと				
8	廃棄分別が実施され、容器が分けられていること				
9	エアコンや換気扇は汚れていないこと				
10	昆虫の発生はないこと				
	【清潔】	自己評価	評価	合計	見つかった問題
1	作業者のゴム手袋は交換ルールがあり、きれいな状態を維持していること				
2	清掃時間（いつ）、場所（どこで）、清掃当番（だれが）、清掃方法（どのように）のルールがきめられていること				
3	現場のきれいな状態が写真などで、手順や掲示などで見える化されていること				
4	記録は漏れなく記載され、状態の良好さを確認者は定期的に確認していること				
5	シフト交代時、昼休憩時、仕事終了時、作業場をきれいな状態にもどしていること				
	【保守管理】	自己評価	評価	合計	見つかった問題
1	設備周りにネジや金具などの備品が落ちていないこと				
2	天井や壁床、機械備品など破損した箇所はないこと				
3	施設設備や機械器具の修復不能箇所やネジ類はマーキングされていること				
4	工場内の蛍光灯がきれておらず、明るさがたもたれていること				
5	保管庫や冷蔵庫、冷凍庫の温度は記録されていること				
	【食品の取り扱い】	自己評価	評価	合計	見つかった問題
1	製品がパレット等の上に置かれず、床にそのまま置かれていないこと				
2	製品や仕掛品、原材料は蓋がされており、むき出しになっていないこと				
3	原材料や仕掛品が適切な温度で保管されていること				
4	期限切れの原材料や仕掛品がないこと				
5	アレルギー物質を含むものは他のものと区別され混在していないこと				
	【習慣】	自己評価	評価	合計	見つかった問題
1	髪の毛のハミ出しがないなど身だしなみはきちんと整っていること				
2	気持ちの良い挨拶ができていること				
3	5Sを促すための社内での掲示物の見える化が実施されていること				
4	管理チェックシートに管理基準と実測値が明記されていること				
5	ルールの見直しは定期的にされていること				
	総合計				

図6-8　5S活動チェック表

な知恵と工夫をして改善した内容を共有することで、自分たちでは気づかなかったことに気づき、出来なかったことができるようになる。

「5S 活動の見える化」の具体的な方法としては、問題個所と改善状況を写真撮影し、ビフォーアフターシート（**図 6-6**）を作成することや、問題場所の個数をグラフ化（**図 6-7**）、5S 活動チェック表（**図 6-8**）などがあり、このように数値化することで現在進行中の活動を見える化することができる。また、会社内に 5S 専用の掲示板を作り、見える化された活動を掲示することで、全従業員が 5S 活動の進捗状況を把握することができ、改善忘れを回避することも可能となる。「5S 活動の見える化」を行うことで活動が活性化され、活動の評価につなげることができるようになる。

6.3 教育訓練

教育・訓練は、前述の 5S 活動の「躾」の部分に相当する。5S 活動だけでなく、安全な食品をつくるために行う HACCP などの活動を確実に前進させていくために必須のものである。特に食品製造においてはまだまだ「人」が係ることが多い。食品事故や活動の失敗はシステムや構造的な欠陥に起因するものではなく、それを運用する「人」が関係している。作業の慣れによる油断やうっかりミス、そして無知からくる判断の誤りといった理由から起こる。

従事者への教育・訓練は「決められたことを忠実にこなす」ことが重要な目的であり、次に「想定外の事態に対し適切な判断を下せるようになる」ことが肝要である[8)]。効果的な教育・訓練を遂行するためには、教育目標の設定、教育計画の構築と実践、効果検証が必要となる。

6.3.1 教育目標の設定

教育・訓練を遂行するためには、教育目標の設定が重要である。目標が設定されていないと教育を実施しても単なる「知識の読み聞かせ」となってしまう。目標とは教育・訓練を行うことでどのような力量を持つことができるのかを明確にすることである（**表 6-1**）。

表 6-1 職位別役割

対象者	求められる力量
現場責任者	① 基本的な食品衛生の教育、指導ができる。 ② 現場の衛生状態がチェックできる。 ③ クレーム処理が的確にできる。
現場担当者	① マニュアルに従い指導できる。 ② 基本的な衛生管理を理解し、マニュアル等の意味を知った上で作業ができる。
パート アルバイト	① 基本ルールに従い作業ができる。 ② やってはいけない行為、やらなければいけない行為を理解している。

企業内には様々な職種が存在し、その職種によって求められる責任や業務が異なることから、具体的にそれぞれの力量を明確にする必要がある。このような過程を経ることによって、対象者に必要な知識・技量が明確化され、段階的なスキルアップが可能となる。

6.3.2　PDCAサイクル

目標が設定できたら、目標達成に向けてPDCAサイクルに組み込んでいく。PDCAサイクルは次のように構成されている。① Plan（計画）：設定した目標に向けて計画を作成する、② Do（実行）：計画に沿って実行する、③ Check（点検・評価）：実施内容が計画に沿っているかどうか、目標に到達しているかどうかを確認する。④ Action（措置・改善）：実施が計画に沿っていない部分を調べて措置をする。

この4段階を順に行い、最後のActionを最初のPlanにつなげ、PDCAを繰り返すことによって教育方法、教育内容やその他の活動を継続的に改善していくことがPDCAサイクルである。

1)　教育計画の構築（Plan：計画）

教育については、具体的にテーマ・対象者・目標・内容・頻度・方法等が記された実施計画を作成することになるが、訓練による技術習得はOJT（On the Job Training：社内での具体的な仕事を通じた部下への教育）が中心となる。

教育・訓練の具体的な方法として、①集合教育：講習会、研修会、勉強会、外部講師の召喚、②外部講習会・研修会、③通信教育、Web研修、④ OJT、社内訓練、⑤ルール・マニュ

表6-2　現場担当者の教育プログラム

学習テーマ	到達目標	頻度／実施月	方　法
1. 5Sを学ぶ	5Sの正しい意味が理解でき、作業現場での問題点を見つけ出すことができる。	4月	勉強会：現場責任者
2. 微生物の基礎知識	病原微生物を知り、微生物の挙動を把握し微生物クレームを防止する。	5月	勉強会：品質管理
3. 正しい手洗いの習得	正しい手洗いを学び、食品への汚染を防止する。	6月	勉強会：品質管理
4. 洗浄殺菌剤を知る	洗浄、殺菌剤の正しい知識を習得し、洗浄殺菌の効果を発揮させる。	7月	勉強会：外部講師
5. 虫をコントロールする	昆虫の種類と生態を把握し、捕獲される昆虫を減少させる。	8月	勉強会：外部講師
6. 金属、毛髪の混入を防ぐ	金属探知機の仕組み、毛髪のメカニズムを理解し、混入クレームをなくす。	9月	勉強会：現場責任者
7. 一般衛生管理を理解する	一般衛生管理が理解でき、現場での実践、組立てが自らできる状態になる。	10月	勉強会：品質管理
8. HACCPの仕組みと認証制度を理解する	認証取得基準が理解でき、今後の課題の抉り出しと対応準備ができる状態になる。	11月	勉強会：品質管理
9. HACCPシステムの理解と運用	HACCPシステム全体が理解でき、運用ができる。	12月	外部研修

アル等の提示、⑥各種ミーティング、朝礼時の情報提供、⑦情報提示や回覧、などがある。これらを組み合わせて、目標に到達できるように計画する。計画は年度（または半期）の期間で作成する（**表6-2**）。この教育計画の構築には次の2つを入れることを忘れてはならない。1つは新人教育である。何も知らずに入社してきた新人へ「安全な食品製造」のために「清潔」の維持を行う文化がわが社にあることを知ってもらうためには重要である。もう1つは熟練者へのリフレッシュ教育である。これは繰り返し教育を行うことで「ルールの再確認」をしてもらうために重要である。

計画の作成後、それに基づいた教育資料やテキストの作成を行い、教育内容の充実を図らなければならない。ただし、これらの教材は内容の精度を確保するために、作成や更新を確実に管理する必要がある。特に、法改正に関しては、食品製造にとって最も重要な要件であることから、定期的なチェックとそれに対応した更新が必要である。

2) 教育の実践（Do：実行）

次に計画に基づいて教育・訓練を実践する。この教育・訓練は対象者全員受けることが必須で、必ず出席状況を確認する。欠席者がいる場合には日を改めて個別に受講できる準備や、受講者数や製造シフトにより1回で済ますことができない場合は同じ内容を2〜3回に分けて行うことも必要である。

教育・訓練を実践する際に注意すべき点は、マニュアル通り作業することを教えるだけではなく、各担当に実施すべき事項の意味と重要性を十分に理解させることが重要である。また、個人判断による作業方法、管理方法などの変更が時として重大な事故を引き起こす可能性があり、組織としての判断が必要であることを十分に理解させることが必要である。特に食品安全にかかわる項目については管理技術の精度や確実なモニタリング技術を教え込むとともに、基準を逸脱した場合の措置などについての目的や意味を十分に理解させておくことが必要である。

3) 教育の効果検証（Check：点検・評価）

計画に基づいて実行した教育・訓練は、その進捗状況を管理するとともに、その効果を検証することが重要となる。なぜなら、教育は実行することが目的となりやすく、そして一方通行になりやすい傾向があるためである。

効果検証の方法として、①対象者が決められた教育を受けたかの確認をする。②受けた教育の理解度を測る。これは対象者が単純に「その席に居る」だけでは、その教育の目標に到達することができないからである。理解度を測る方法としては、そのテーマに関するテストやレポートの提出が有効的である。③実際の現場での行動に関して評価する。これはテストやレポートの評価は良いが、そこで得られた知識が現場で生かされていないことがよく見受けられるので、この部分のチェックも大切である。例えば、5Sの意味は知っていても、現場で不備な個所が多い場合はこれに当てはまる。④自己診断、⑤上司によるスキルアップの判定などがある。

4)　教育計画の見直し（Action：措置・改善）

教育・訓練の効果を検証した結果をもとに、教育計画の見直しを行う。計画通り実行できたのか否か、設定した教育目標に到達しているのか否かを確認し、課題や改善目標を明確にする。そして、次年度の教育計画に反映させ、さらなる向上を目指す。

このようにPDCAサイクルを繰り返すことによって、全社的なスキルアップが達成できる。しかし、PDCAサイクルを行うに当たり、最初から高望みをしないことである。PDCAサイクルは繰り返すことによってスキルアップを目指すものであることから、自社の従業員の能力を十分に把握し、最初は復習の意味も含めて、簡単なことから取り組むことが肝要である。最初から難しいことに取り組むと、そのことが負担となり、教育そのものが頓挫しかねない。

おわりに

これからも「食の安全・安心」に対する要求は高まり続ける。その中でも5Sは安全な食品製造や品質管理における基本中の基本である。日頃から全社員を対象とした5S活動を行い、確実に行動や評価が行える体制を構築する必要がある。また、教育・訓練においても計画的に実行していくとともに、他の事例を対岸の火事とは思わずに、日々の活動を通じて事例報告的に教育を行うことが重要である。そしてこれらの活動を通じて、個々のスキルアップを行うことにより、高品質で安全・安心な食品を提供することができる。

参考文献

1)　鈴木進：食品工業、**47**（18）、70（2004）
2)　鈴木進：食品工業、**47**（22）、64（2004）
3)　鈴木進：食品工業、**48**（4）、83（2005）
4)　鈴木進：食品工業、**48**（10）、78（2005）
5)　鈴木進：食品工業、**48**（18）、72（2005）
6)　鈴木進：食品工業、**49**（16）、80（2006）
7)　角野久史、衣川いずみ：食品衛生新5S入門、日本規格協会（2004）
8)　食品関係文書研究会：食品業関係モデル文例・書式集、新日本法規出版（2006）

（多賀 夏代・矢野 俊博）

第７章　品質管理における必要な各種検査方法

はじめに

品質管理では製造する食品の開発段階における品質を確保するために種々の検査をする必要がある。例えば、食品衛生法や衛生規範で成分規格や製造・保存基準が示されている場合には、それに則した微生物検査、化学分析や温度等の検査・検証が要求される。

ここでは、品質管理で要求される種々の検査のうち、頻度の高い手法等について解説するが、詳細はそれぞれに掲げた参考文献を参照していただきたい。

7.1 官能評価

官能とは「感覚器官の働き」を意味する。そして、見たり、聞いたり、味わったり、匂いをかいだり、モノに触れたりしたときに感じる感覚（視覚、聴覚、味覚、嗅覚、触覚）を使って、モノの検査をしたり評価することを官能評価[1)]（検査）という。

食品は人が食し、成分相互間の作用が加味され、味覚、嗅覚で感じるものである。しかし、科学的な分析は、それぞれの成分について正しい数値は出せるが、成分相互間の作用は測定できない。したがって、官能評価は機器分析では測定し得ないデータをとる１つの測定法といえる。また、機器分析の代替として、官能評価は感度が良い、迅速である、コストがかからない、消費者感覚の代弁となる、などの理由で活用できる。

しかし、官能評価査は人の感覚を用いてデータをとるので、機器分析とは異なり、いくつかの問題点がある。すなわち、①人によって判定（評価）に差（個人差）がある、②同一人物であっても常に一貫した判定をするとは限らず、バラツキが大きい（個人の精度）、③人の知覚した内容を定量的に表現することは難しい（知覚の定量的表現）、などにより常に一定の結果が得られるとは限らない。

したがって、官能評価でより信頼性の高いデータを得るためには、次の点に留意する。①官能評価の目的を明確にする、②目的に適した評価対象者（以下、パネルとする）であること、③精度の高いデータを得るための官能評価手法を選択する、④より多くの情報を抽出するための統計的解析手法を適用する、⑤パネルに与える心理的、生理的影響を少なくする環境づくり（例えば、検査室の温度・湿度・照明、容器の選択、検査時間帯など）、⑥試料提示条件のコントロール（識別しやすいサンプルの温度設定、料理の適温設定など）、⑦わかりやすい評価シートの作成、などで、これらの要件を満たした試験計画が必要である。いずれか1つでも疎かにすると、信頼するデータは得られない。

7.1.1　分析型評価と嗜好型評価

官能評価を大別すると、分析型官能評価と嗜好型官能評価に分けることができる[1]。

分析型官能評価は、検査対象物の特性を評価したり、品質間の差異を識別することである。したがって、このような検査を行うパネルには鋭敏な感度が要求される。目的に応じた専門的な教育を必要とする場合もある（分析型パネル）。

嗜好型官能評価は、対象物の嗜好（好み）を評価することである。したがってパネルは、食品の好き・嫌いの判断ができる人であればよい（嗜好型パネル）。ただし、一般消費者の嗜好を代表するようなパネルを選ぶことが大切である。なお、パネルの属性（年齢、生活環境など）が評価結果に影響を与えるおそれのない場合は、学生や社員など、身近な集団を利用することもできる。

分析型パネルは、検査員個人の持つ感情を入れずに、感覚による客観的な判断をしなければならない。個人の好みを反映する嗜好型パネルの主観的な判断と異なるところである。

7.1.2　パネルの条件

パネルを選定するに当たっては、味覚感度以外にも、①健康である、②興味や意欲がある、③いつでも検査が行える、④好みに過度の偏りがない、などの条件を満足する必要がある。

味覚感度については、5種の基本味（甘味、塩味、酸味、苦味、うま味）を代表する呈味物質、すなわち、ショ糖（0.04g/L)、食塩（0.013g/L)、酒石酸（0.0005g/L)、硫酸キニーネ、(0.00004g/L）グルタミン酸ナトリウム（0.005g/L）を用いて感度テストを行う。この場合、偶然的な正解を避けるために、前記5種のほか水などを加えて（計8種）検査を行う。

また、若干濃度を変化させた4種の基本味（苦味を除く）やスープ、ジュースなどを使用して味の濃度差識別テスト（**表7-1**）などを行い、優れたパネルの選定を行うことも必要である。

表7-1　味の濃度差識別テスト用の試料濃度[2]　(SとXの比較)

味の種類	溶　質	1回目			2回目		
		S (g/dL)	X_1 (g/dL)	濃度比 X_1/S	S (g/dL)	X_2 (g/dL)	濃度比 X_2/S
甘　味	ショ糖	5.00	5.50	(1.10)	5.00	5.25	(1.05)
塩　味	食　塩	1.00	1.06	(1.06)	1.00	1.03	(1.03)
酸　味	酒石酸	0.020	0.024	(1.20)	0.020	0.022	(1.10)
うま味	MSG*	0.200	0.266	(1.33)	0.200	0.242	(1.21)

＊グルタミン酸ナトリウム。

7.1.3　評価パネルの人数

官能評価の目的には、対象評価物に差があるか否かの評価を行う識別テスト、あるいは品質特性（味の強さ・硬さの程度、好みではない食品の特性）を評価するテストなど、味覚感度が優れ、ある程度訓練を受けた専門家が5〜6人で評価に当たるものや、目的によって多人数が必要となるものもある（**表7-2**）。

表7-2　目的別評価パネルの分類[3)]

パネルの分類	人数
・差の検出パネル	5〜10人
・特性描写評価パネル	6〜12人
・品評会、審査会パネル	8〜12人
・消費者嗜好調査（大型）	200〜20万人
・　　同　　（中型）	40〜200人
・感覚研究パネル（研究室）	8〜30人
・　　同　　（市場調査）	100〜20万人

7.1.4　官能評価の方法と解析法

官能評価を行う場合、2点比較法、3点識別試験法、配偶法、順位法、評点法、一対非核法、SD（Semantic Differential）法などがあるが、ここでは、比較的頻繁に使用される3点識別試験法、評点法について解説する。その他については成書[1)]を参考にしてほしい。

1)　3点識別試験法（triangle test）[1)]

【方　法】

2種の試料A、Bを識別するのにA、B、1種ずつを与えるのではなく、(A、A、B)、(A、B、B）のようにA（またはB）を2個、B（またはA）を1個、計3個の試料を1組にして同時に与え、この中から異質なものを1個選ばせる方法である。すなわち（A、A、B）ならBを、(A、B、B）ならAを選べば正解となる。

【解析法】

n回の繰り返し（またはn人のパネル）で正しく判定した度数aは$P = 1/3$の2項分布に従うことを用いて、A、B二者間に差があるかないかを検定する（片側検定）。検定表（**表7-3**）に従い、正解数が表7-3に示した値に等しいか、またはより大きいとき、パネルはA、B、2種を識別する能力がある（またはA、Bの二者間に差がある）と判断する。

【実施例】スープの識別テスト

〈試　料〉 A：固形スープ1個を270mLの熱湯に溶解したスープ
B：Aと同じものを324mL（Aの1.2倍）の熱湯に溶解したスープ

〈方　法〉 パネルを2組に分けて、1組には（A、B、B）の組合せを、他方には（A、A、B）の組合せの試料をそれぞれ与え、3個1組の試料より味の異なるものを1個選ばせる。

〈パネル〉 女子大生$n = 50$名

〈結　果〉 **表7-4**のようであった。

〈検　定〉 表7-3の$n = 25$の欄より、判定度数が17以上であれば0.1%有意（*** 印）、15以上であれば1%有意（** 印）、13以上であれば5%有意（* 印）である。

表 7-3　３点識別試験法の検定表[1)]

n	有意水準 5%	1%	0.1%
3	3	—	—
4	4	—	—
5	4	5	—
6	5	6	—
7	5	6	7
8	6	7	8
9	6	7	8
10	7	8	9
11	7	8	10
12	8	9	10
13	8	9	11
14	9	10	11
15	9	10	12
16	10	11	12
17	10	11	13
18	10	12	13
19	11	12	14
20	11	13	14
21	12	13	15
22	12	14	15
23	13	14	16
24	13	14	16
25	13	15	17
26	14	15	17
27	14	16	18
28	15	16	18
29	15	17	19
30	16	17	19
31	16	18	20
32	16	18	20
33	17	19	21
34	17	19	21
35	18	19	22
36	18	20	22
37	18	20	22
38	19	21	23
39	19	21	23
40	19	21	24
41	20	22	24
42	20	22	25
43	21	23	25
44	21	23	25
45	22	24	26
46	22	24	26
47	23	24	27
48	23	25	27
49	23	25	28
50	24	26	28
60	28	30	33
70	32	34	37
80	35	38	41
90	39	42	45
100	43	46	49

n＝繰り返し数（パネル数）。
正解数が表の値以上のとき、有意。

表 7-4　スープの識別テスト結果[1)]

組合せ	パネル数（n）	正解数	検定
(A、B、B)	25	17	***
(A、A、B)	25	16	**
計	50	33	***

2)　評点法（scoring method）[1)]

【方　法】

評点法とは、与えられた試料（1種以上）につき、パネル自身の経験を通して、その品質特性（味の強度、好みの程度など）を点数によって評価する方法である。評価の方法はいろいろあるが、その例を下に示した。

①　カテゴリーがすべて定義されている場合

〈例 1〉　＋3；非常に強い、＋2；かなり強い、＋1；やや強い、0；普通、
−1；やや弱い、−2；かなり弱い、−3；非常に弱い

〈例 2〉　＋2；良い、＋1；やや良い、0；普通、−1；やや悪い、−2；悪い

②　カテゴリーが一部定義されている場合

〈例〉 0点から10点の範囲で評価、0点;品質として最も悪い、2.5点;悪い、5点;普通、7.5点；良い、10点；品質として最も良い

③ 全く定義されていない

例えば、好みの度合いを100点満点で採点する。

【解析法】平均値の差の検定—Welch（ヴェルチ）の方法—

2種の試料A、Bを評点法で評価した場合、その平均値に差があるか否かを検定する。ただしこの場合、1人の判定者は1試料を1回だけ評価する。したがって判定者はn_1+n_2人必要とする。

ただし、n_1：試料Aを評価する人数、n_2：B試料を評価する人数。

① 試料Aがi回目に評価された評点をx_i、試料Bがj回目に評価された評点をy_jとしてデータを次のようにまとめる。

x_i	x_1 x_2 $\cdots$ x_i $\cdots$ x_{ni}	$\sum x_i$	$\sum x_i^2$
y_i	y_1 y_2 $\cdots$ y_i $\cdots$ y_{ni}	$\sum y_j$	$\sum y_j^2$

ここに$\sum x_i = x_1+x_2+\cdots+x_i+\cdots+x_{n1}$

$\sum y_j = y_1+y_2+\cdots+y_i+\cdots+y_{n2}$

$\sum x_i^2 = x_1^2+x_2^2+\cdots+x_i^2+\cdots+x_{n1}^2$

$\sum y_j^2 = y_1^2+y_2^2+\cdots+y_i^2+\cdots+y_{n2}^2$

$i=1\sim n_1$、$j=1\sim n_2$

② 平均値の計算

$$\bar{x}=\sum_{i=1}^{n_1}\dot{x}\ /n_1 \quad \bar{y}=\sum_{j=1}^{n_2}\dot{y}\ /n_2$$

③ 不偏分散V_x、V_yの計算

$$V_x=\frac{\sum_{i=1}^{n_1}(x_i-\bar{x})^2}{n_1-1}=\frac{\sum_{i=1}^{n_1}x_i^2-(\sum_{i=1}^{n_1}x_i)^2/n_1}{n_1-1}$$

$$V_y=\frac{\sum_{j=1}^{n_2}(y_j-\bar{y})^2}{n_2-1}=\frac{\sum_{j=1}^{n_2}y_j^2-(\sum_{j=1}^{n_2}y_j)^2/n_2}{n_2-1}$$

④ 統計量t_0の計算

$$t_0=\frac{\bar{x}-y}{\sqrt{V_x/n_1+V_y/n_2}}$$

⑤ 自由度fの計算

$$c=\frac{V_x/n_1}{V_x/n_1+V_y/n_2}$$

$$f=\frac{1}{c^2(n_1-1)+(1-c)^2(n_2-1)}$$

⑥ 検　定

t表（**表 7-5**）より、自由度fのα%点$t(f,\alpha)$とt_0の値を比較して$|t_0|\geqq t(f,\alpha)$な

表 7-5　t表[1)]

自由度fと両側確率αとからtを求める表

f ＼ α	0.10	**0.05**	0.02	**0.01**
両　側		5%		1%
片　側	5%		1%	
1	6.314	**12.706**	31.821	**63.657**
2	2.920	**4.303**	6.965	**9.925**
3	2.353	**3.182**	4.541	**5.841**
4	2.132	**2.776**	3.747	**4.604**
5	2.015	**2.571**	3.365	**4.032**
6	1.943	**2.447**	3.143	**3.707**
7	1.895	**2.365**	2.998	**3.499**
8	1.860	**2.306**	2.896	**3.355**
9	1.833	**2.262**	2.821	**3.250**
10	1.812	**2.228**	2.764	**3.169**
11	1.796	**2.201**	2.718	**3.106**
12	1.782	**2.179**	2.681	**3.055**
13	1.771	**2.160**	2.650	**3.012**
14	1.761	**2.145**	2.624	**2.977**
15	1.753	**2.131**	2.602	**2.947**
16	1.746	**2.120**	2.583	**2.921**
17	1.740	**2.110**	2.567	**2.898**
18	1.734	**2.101**	2.552	**2.878**
19	1.729	**2.093**	2.539	**2.861**
20	1.725	**2.086**	2.528	**2.845**
21	1.721	**2.080**	2.518	**2.831**
22	1.717	**2.074**	2.508	**2.819**
23	1.714	**2.069**	2.500	**2.807**
24	1.711	**2.064**	2.492	**2.797**
25	1.708	**2.060**	2.485	**2.787**
26	1.706	**2.056**	2.479	**2.779**
27	1.703	**2.052**	2.473	**2.771**
28	1.701	**2.048**	2.467	**2.763**
29	1.699	**2.045**	2.462	**2.756**
30	1.697	**2.042**	2.457	**2.750**
40	1.684	**2.021**	2.423	**2.704**
60	1.671	**2.000**	2.390	**2.660**
120	1.658	**1.980**	2.358	**2.617**
∞	1.645	**1.960**	2.326	**2.576**

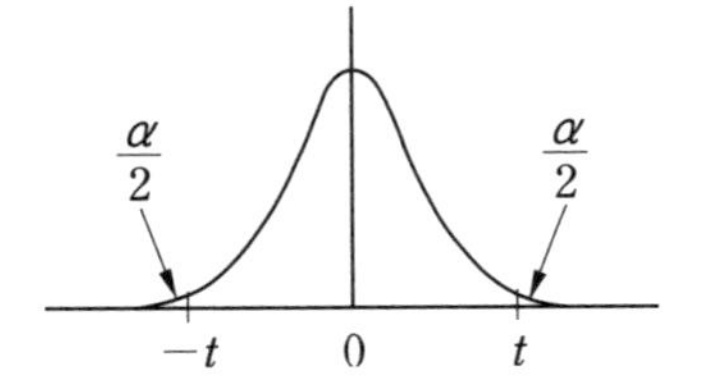

らば、2試料の平均値に差があると判断する。

【実施例】ハンバーグの評価

〈試　料〉 現行品（A）と改良品（B）のハンバーグ2種

〈方　法〉 1人のパネルに1種類のハンバーグを与え、10点満点評価尺度で評価させる。

〈パネル〉 味覚審査員 $n = 48$ 名

試料Aを評価した人：26名

試料Bを評価した人：22名

〈結　果〉 各試料につけられた評点をもとに度数表を作成する（**表7-6**）。

① データの整理

$\sum x_i = \sum$(評点×試料Aの度数)

$= 8\times2+7\times5+\cdots+4\times3+3\times2=147$

$\sum y_j = \sum$(評点×試料Bの度数)

$= 7\times1+6\times5+\cdots+3\times2+2\times1=104$

$\sum x_i^2 = \sum$(評点^2×試料Aの度数)

$= 8^2\times2+7^2\times5\cdots+4^2\times3+3^2\times2=877$

$\sum y_j^2 = \sum$(評点^2×試料Bの度数)

$= 7^2\times1+6^2\times5+\cdots+3^2\times2+2^2\times1=522$

② 平均値の計算

$\bar{x} = 147 \div 26 = 5.65$

$\bar{y} = 104 \div 22 = 4.73$

③ 不偏分散の計算

$$V_x = \frac{877-(147)^2/26}{26-1} = 1.8354$$

$$V_y = \frac{522-(104)^2/22}{22-1} = 1.4459$$

表7-6 各試験につけられた評点の度数表[1)]

試料	評点											評点の合計	平均
	10	9	8	7	6	5	4	3	2	1	0		
A	0	0	2	5	8	6	3	2	0	0	0	$\sum x_i = 147$	5.65
B	0	0	0	1	5	7	6	2	1	0	0	$\sum y_i = 104$	4.73

④ 統計量 t_0 の計算

$$t_0=\frac{5.65-4.73}{\sqrt{1.8354/26+1.4459/22}}=\frac{0.92}{\sqrt{0.1363}}=\frac{0.92}{0.37}=2.49$$

⑤ 自由度fの計算

$$c=\frac{1.8354/26}{1.8354/26+1.4459/22}=\frac{0.0706}{0.0706+0.0657}=0.52$$

$$f=\frac{1}{0.52^2/(26-1)+(1-0.52)^2/(22-1)}=\frac{1}{0.0108+0.0110}\fallingdotseq 46$$

⑥ 検　定

t 表(既出、表 7-5)より $t\,(46, 0.05)=2.01$ [注1]、$t\,(46, 0.01)=2.69$ [注1](両側検定)。$t_0=2.49$ なので有意水準 5%で、試料 A、B の平均値に差があると判断する。すなわち、A のほうが B より好まれるという結果である。

7.2　検査の目的と精度

7.2.1　検査の目的

検査対象には、第1章で示したようなものや、中間製品や最終製品の検査などがある。例えば、HACCP や ISO のもとで製造していても、その有効性や妥当性を確認するためには最終製品の定期的な検査が要求される。この場合の検査は以前の出荷前検査に該当し、食品衛生法等の成分規格（賞味期限内の成分規格）ではなく、自社で決めた出荷前の成分規格が対象になる。一方、消費・賞味期限設定のための微生物基準等は食品衛生法、乳および乳製品の成分規格に関する省令、各種の衛生規範が参考になる。

7.2.2　必要とされる精度

検査結果の精度については、検査員の技量によるところが大である。そのために、分析および校正結果の品質保証に関する国際規格である ISO/IEC 17025：2017 [4] では、「この規格は、試験場・校正機関の運営の信頼性を高めるという目的で作成された。この規格は試験場・校正機関が的確な運営を行い、かつ、妥当な結果を出す能力があることを実証できるようにする要求事項を含んでいる。」としている。また、この規格の7章では、分析

注 1)　t 表の補間法

自由度が t 表にない場合、次のように求める。ただし、$f>30$

①　有意水準 α、自由度 f とする。

②　t 表より、f に近い f_1、f_2 ($f_1<f<f_2$) に対する t 値を求める。

	α
f_1	$t\,(f_1, \alpha)$
f	
f_2	$t\,(f_2, \alpha)$

結果を導き出すプロセスにおいて、品質保証に関わる事項が以下のように列挙されている。

7.1　依頼、見積仕様書および契約の内容の確認

7.2　方法の選択、検証および妥当性確認

7.3　サンプリング

7.4　試験・校正品目の取扱い

7.5　技術記録

7.6　測定の不確かさの評価

7.7　結果の有効性の確保

7.8　結果の報告

7.9　苦情

7.10　不適合の業務

7.11　データの管理および情報マネジメント

一方、食品衛生法施行細則の37条では、「外部精度管理調査（国その他の適当と認められる者が行う精度管理に関する調査をいう。以下同じ。）を定期的に受けること。」が規定されている。食品分析での技能試験としては、イギリスの技能試験である、FAPAS（化学分析）、FEPAS（微生物分析）、GeMMA（遺伝子組換え食品）が有名である。また、ドイツのLGC standardが標準物質を作成するとともに、技能試験を提供している。また、日本では、（一財）日本食品分析センター、日本細菌検査（株）、日水製薬（株）COSMO会、（一財）日本冷凍食品検査協会が技能試験を、（一財）日本食品薬品センター、（公社）日本分析化学会、（公社）日本食品衛生協会が標準サンプルの提供、を行っている。

7.3　微生物検査

食品衛生法では消費者に対する微生物的安全性を保証するために、多くの加工食品に微生物基準が定められており、各種の衛生規範では細菌制御目標値を設定している。一方、食品企業では安全で高品質の製品を提供するためにHACCP等のシステムを採用して製造している。微生物検査は、これらの検証のみではなく、賞味（消費）期限の設定、製造環境の衛生状態を把握するためにも行われている。ここでは、最も頻繁に行われている一般細菌数（一般生菌数）、大腸菌群・大腸菌の定量法とその簡易検査法について解説する。

7.3.1　微生物検査におけるサンプリング

食品の検査試料のサンプリング数を**表7-7**に示した[5]。また、ICMSF（国際食品微生物規格専門委員会）では、通常、1ロット当たりのサンプリング数を通常5個としている。なお、一部の食品については、ロットとサンプリング数の関係が食品衛生検査指針[6]に記載されている。

表 7-7　試験品の採取数量[5)]

検査項目	包装形態	ロットの大きさ	検体採取のための開梱数	検体採取量 (kg)	検体数
微生物	特定せず	≦ 150	3	1	1
		151～1,200	5	1	1
		≧ 1,201	8	1	1

サンプリングにあたっては、常法および指定された方法に従って、適正かつ厳格に実施しなければばならない。ここに示す方法は微生物検査用のみではなく、全ての検査に該当する。なお、各種食品のサンプリング方法は文献[7)]が参考になる。

1)　検体の確認

サンプリングにあたっては、以下のことを確認する必要がある。

① 品名（輸入品の場合は輸出国を併記）

② 検査目的（輸入に際しての検査の場合はその旨を併記）

③ 検査項目

④ 形状と包装状態（固体・粉体・液体、冷凍・冷蔵、小売用・卸売用、無菌包装等）

⑤ 採取数量（ロットごとの個数と重量）

⑥ 採取年月日および送付年月日

⑦ 採取場所

⑧ 見本持出許可申請番号（通関前の輸入品の場合）

⑨ 製造年月日または輸入年月日

⑩ 生産国または製造所名（輸入品の場合）

⑪ 採取者の所属、氏名および捺印の有無

⑫ その他、運搬、保管、検査に際しての注意事項

2)　検体の採取と運搬

検体の採取時には、以下の点に留意する必要がある[5)]。

① 検体はロットごとに別々に採取する

② 食品を開封して採取する場合、異物の混入および微生物の二次汚染がないように採取する

③ 微生物検査用検体を採取する場合は、必ず滅菌した器具・容器包装を用い、できるだけ無菌的に採取する

④ 検体を入れる容器は、検体の種類、形状、検査項目などに適したものであって、運搬、洗浄、滅菌に便利なものを用いる

⑤ 封印が必要な場合は、復元が不可能な方法で封印する

⑥ あらかじめ定めたものとは異なる方法などに従って検体を採取し、運搬したときは

その旨を記録する

⑦ 検体には検体固有の基本情報を記載した検体送付票を添付する

⑧ 運搬は異物の混入、検体の汚染、破損損傷、解凍、取り違えなどが生じないように行う

⑨ 微生物検査用検体であって腐敗・変敗しやすいものは、5℃以下に保持し、採取後4時間以内に検査に供することが望ましい。腐敗・変敗しにくいものは通常の保存温度で運搬する。冷凍食品はドライアイスなどで温度保持を行い運搬する

⑩ 検体は中継所を経由せず、できるだけ短時間のうちに検査所へ運搬する。

3) 検体の受理

検体の受理にあたっては、以下の事項について注意しなければならない。

① 検体が検体送付票または検体依頼書に記載されているものと同一であり、肉眼的に異常が認められない

② 検体の保管、取扱いなどについて、特に注意しなければならない点を聴取する

③ 封印の付された検体は、所定のとおり封印されていることを確認する

7.3.2 一般細菌数（一般生菌数）の検査

一般細菌数とは、好気的条件下において生育する中温性の細菌群で、一般的には標準寒天培地を用いて、35℃で24時間または48時間培養を行い、出現したコロニー数のことである。したがって、嫌気性菌（*Clostridium* 属など）や微好気性菌（*Campyrobacter* など）は含まれない。

品質管理において、食品中の一般細菌数の多少は製造工程（製造・加工、貯蔵、運搬など）での衛生管理、温度管理、環境管理などの良否を反映し、それらが不適切であった場合、細菌数が増加して腐敗を起こす危険性が高くなる。

以下に示す方法は一般細菌数の測定方法であるが、培地を変えることによって大腸菌群、黄色ブドウ球菌などの定量にも応用できる。

1) 試料の調製

微生物検査では器具は滅菌したものを使用し、操作は二次汚染が起こらないように無菌的に速やかに行う必要がある。

一般的には、液状の検体は試料（製品あるいは採取瓶）のまま25回以上よく振って試料原液とする。個体、粉体、粘度の高い検体は、数カ所から原則として25gを秤量し、ストマッカー用滅菌ポリ袋に移して、9倍量に相当する225mLの希釈液を加えて、30秒以上ストマッカー処理したものを試料原液とする。なお、試料量（一部の食品（**表7-8**））や試験方法は食品衛生法で規定されているが、ここでは一般的な方法について説明する。

また、希釈水としては、生理食塩水（0.85%食塩水）、0.1%ペプトン加生理食塩水、リン酸緩衝生理食塩水（0.3125mMリン酸緩衝液pH7.2）のいずれかを用いるが、0.1%ペプトン加

表 7-8　法的に規定されている食品別の生菌数測定のための試料量、希釈水の種類とその液量、培養温度と時間[5)]

食品名	試料量	希釈液量	希釈液	培養温度	培養時間
粉末清涼飲料	10g	90mL	滅菌リン酸緩衝液	35℃	48 時間
氷　雪	1mL	9mL	滅菌リン酸緩衝液*	35℃	24 時間
氷　菓	10mL	90mL	滅菌生理食塩液	35℃	48 時間
アイスクリーム類	10g	90mL	滅菌生理食塩液	32～35℃	48 時間
乳および乳製品	原液 10g	90mL	滅菌生理食塩液	32～35℃	48 時間
冷凍ゆでだこ	25g	225mL	滅菌リン酸緩衝液	35℃	24 時間
生食用冷凍鮮魚介類	25g	225mL	滅菌リン酸緩衝液	35℃	24 時間
生食用かき	200g	200mL	滅菌リン酸緩衝液	35℃	24 時間
冷凍食品	25g	225mL	滅菌リン酸緩衝液	35℃	24 時間
ミネラルウォーターの源水[a)]	100mL	希釈なし		35℃	24 時間
容器包装詰加圧加熱殺菌食品[b)]	25g	225mL	滅菌リン酸緩衝液	35℃	48 時間
砂糖、デンプン、香辛料[c)]	5g	95mL	滅菌生理食塩液	35℃	48 時間

[a)] メンブランフィルター法、[b)] 恒温試験（保存試験）および無菌試験、使用培地：チオグリコレート培地、[c)] 耐熱性無菌数（芽胞数）の測定。
*滅菌生理食塩液よりは、滅菌リン酸緩衝液のほうがよい。

生理食塩水が望ましい。

拭き取り検査の場合は、拭き取り検査キット等を使用して、付着した菌を十分に洗い出したものを試料原液とする。

2)　検査手順

通常は、以下の手順で実施する[5, 8)]。

(1) 希釈と混釈および塗抹

試料原液 1mL を希釈水 9mL に加えて 10 倍希釈し、さらに必要に応じて同様の操作を行い 10 倍段階希釈した試料希釈液を調製する。これらの希釈列から､1 プレート（シャーレ）に 30～300 個のコロニーが得られる試料希釈液を選択する。選択にあたっては過去の検査データを参考にしながら、10^2～10^4、10^4～10^6 のように希釈段階を省略し、3 段階でもよい。

各試料希釈液に対して 2 枚のプレートを用意し、試料希釈液を 1mL ずつ分注する。そこに滅菌後 45～50℃（培地が固まらない温度）に保温した標準寒天培地を 15～20mL を注ぎ入れ、直ちに試料と培地を静かに混合（混釈）する。この際、操作が無菌的に行われたことを確認するために、試料希釈液の代わりに希釈水 1mL を用いて同操作を行う（無菌テスト）。なお、試料調製してから培地と混合するまでの操作は 20 分以内に終了するように行う。

上記の方法は、平板混和（混釈）法と呼ばれているが、この方法では培地の温度が高いために、温度感受性の高い低温菌などが死滅する可能性がある。このため、あらかじめ培地をプレートに作成し、乾燥させた培地（プレート表面や培地上に水滴がなくなる程度の乾燥）

に試料希釈液 0.1〜0.2mL を滴下し、培地全面にコンラージ棒で水分が認められなくなるまで塗抹する（平板塗沫法）方法もある。この方法は低温細菌で汚染されている試料（食肉、魚介類など）の検査に勧められる方法であり、コロニー形態の観察や菌の分離も容易である。ただし、塗抹量が少ないために、精度が平板混和法よりも劣る。

なお、自主衛生管理を目的とした検査では、操作が的確に行われれば、各希釈段階について1枚のプレートでも大きな間違いはない。

(2) 培　　養

培地が完全に凝固した培地は、プレートを倒置して 35±1.0℃で 48±3 時間培養する。倒置はプレートの蓋に水滴が生じ、落下した場合にコロニーが広がるなどにより、正確なコロニー数が測定できなくなることを防ぐためである。

(3) コロニー数に算出

コロニー数の算出は以下のように規定されている。なお、直ちにコロニー数が測定できない場合は、5℃の冷蔵庫に保存し、24 時間以内に測定する。**表 7-9** にコロニー数と生菌数の計算値を示した。

表 7-9　細菌数（生菌数）測定例[6)]

No.	各希釈における集落数			生菌数 /g (cfu/g)
	1：100	1：1,000	1：10,000	
①	TNTC	**180**	12	190,000
	TNTC	**205**	18	
②-a	TNTC	**245**	**32**	270,000
	TNTC	**230**	**30**	
②-b	TNTC	**145**	58	120,000
	TNTC	**101**	61	
③	20	3	0	3,000 以下
	18	0	0	
④	TNTC	TNTC	**520**	4,800,000
	TNTC	TNTC	**430**	
⑤	0	0	0	LA*
	0	0	0	
⑥	TNTC	**230**	**32**	270,000
	TNTC	**225**	拡散	

太字は計算した箇所を示す。
TNTC：菌数が異常に多いので測定していない。
拡散：拡散集落。
*　3,000 以下とする場合もある。

① 1枚のプレートに 30〜300 個のコロニーがある場合

a) 1段階希釈のみに 30〜300 個のコロニーがある場合：2枚のプレートのコロニー数の算術平均を求める。

b) 連続した2段階希釈に 30〜300 個のコロニーがある場合：各希釈の2枚のプレートの算術平均を求め、両者の比を求める。

i) 両者の比が2倍未満の場合は、連続する2段階の希釈プレートのコロニー数から次の式により求める。

$$N = \frac{\sum C}{(n_1 + 0.1n_2)d}$$

$\sum C$：各プレートのコロニー数の合計
n_1：希釈倍率が低い方の算出対象プレート数
n_2：希釈倍率が高い方の算出対象プレート数
d：希釈倍率が低い方の希釈倍率

ii) 両者の比が2倍を超えた場合は、希釈段階の低い方のコロニー数の算術平均を求める。

② 全プレートが300個を超えたコロニー数の場合：最も希釈倍率の高いものについて、正確に $1cm^2$ の区画がある密集コロニー計算版を用いて計測し、以下に従う。

a）$1cm^2$ の区画に10個以下のコロニーの場合：中心を通過する縦に6カ所、これに直角に6カ所の計12カ所の区画中のコロニー数を数え、$1cm^2$ 区画の平均コロニー数を求め、これにプレートの面積を乗じて1プレート当りのコロニー数を算出する。直径9cmのプレートでは、得られた $1cm^2$ の平均コロニー数に65を乗じる。

b）$1cm^2$ の区画に10個以上のコロニーの場合：前期と同様にして4〜5カ所の区画のコロニー数から $1cm^2$ 区画の平均コロニー数を求め、プレートの面積を乗じて1プレート当りのコロニー数を算出する。

③ 全プレートが30個未満の場合：最も低い希釈倍率に30を乗じて、その数値以下とする。

④ 拡散コロニーがある場合：以下の条件のものに限り、その相当部分を計測する。

a）他のコロニーがよく分散し、拡散コロニーがあっても計測に支障がない場合

b）拡散コロニーの部分がプレートの1/2以下の場合

⑤ 次のような場合は、実験室内事故（Laboratory Accident：LA）とする。

a）コロニーの発生が認められない場合、ただし、殺菌した製品やそれに相当する加工あるいは熱処理がなされた食品はこの限りでない。

b）拡散コロニーの部分がプレートの1/2以上となり、コロニー数が測定できない場合。なお、アルコール綿などにより培地上を拭って拡散コロニーを除去し、発生コロニー数を計測することにより、コロニー数を推定することができる。

c）対象としたプレート（無菌テスト）にコロニーが認められ、汚染されたことが明らかな場合。

d）その他、不当と思われる場合。

(4) 菌数の記載

生菌数の記載は、算出対象としたプレートのコロニー数に希釈倍率を乗じ、さらに得られた数値に上位3桁目を四捨五入して、上位2桁を有効数字として表示し、以下に0（ゼロ）をつけ、食品1g（1mL）当たりの菌数として求める。例えば、22,000個/gあるいは 2.2×10^4 個/gと記載する。また、単位として、個/gあるいはcfu/g（cfu：cell frequency units）を用いる。なお、最低希釈プレートのコロニー数が30個未満の場合も、必要に応じて測定値をそのまま記載しておく。

7.3.3　汚染指標菌

食品衛生検査指針では、先に示した一般細菌数以外にも汚染指標菌として、大腸菌群(coliforms)、糞便系大腸菌群（fecal coliforms）、大腸菌（*Escherichia coli*）、腸球菌（*Enterococcus*

属)、緑膿菌(*Pseudomonas aeruginosa*)、芽胞形成菌(*Bacillus* 属、*Clostridium* 属)および腸内細菌科細菌(Enterobacteriaseae:生食用食肉)が挙げられている。このうちの前3者は糞便あるいは腸管系病原菌の指標として一般的に検査されている。

大腸菌群は、乳糖を分解して酸またはガスを発生する好気性または通性嫌気性のグラム陰性無芽胞桿菌と定義されている。この名称は食品衛生学で使用される用語であり、分類学に基づくものではない。大腸菌群(*Escherichia*、*Citrobacter*、*Klebsiella*、*Enterobacter* など)には、自然界に分布する細菌が含まれているので、食品中に検出されても必ずしも糞便で汚染されているとは判断できない。しかし、加熱工程を経た食品からの大腸菌群の検出は、加熱不足や加熱後の汚染があったと判断される。

糞便系大腸菌は、大腸菌の多くが44.5℃で発育し、乳糖を分解することから、煩雑なIMViC試験を行わずに大腸菌の存在を推定するために考えられた菌群で、生食用カキや加熱後摂取冷凍食品などにおいて、検査(ECテスト)の対象となっている。

大腸菌は、糞便系大腸菌群のうち、インドール産生能(I)、メチルレッド反応(M)、Voges-Proskauer反応(Vi)、およびシモンズのクエン酸塩利用能(C)の4つの性状によるIMViC試験のパターン「++−−」ものであるが、必ずしも分類学上の大腸菌(*Escherichia coli*)とは一致しない。

1) 大腸菌群の検出

大腸菌群の検出方法は試料により異なり(**表7-10**)、ブイヨン培地(液体培地)と寒天培地を使用する方法がある(**図7-1**)。

表7-10 食品衛生法に基づく大腸菌群または大腸菌(E.coli)検査のための培養条件[6)]

検査項目	食品名	使用培地	培養温度	培養時間
大腸菌群	アイスクリーム類 発酵乳、乳酸菌飲料 バター、バターオイル、 プロセスチーズ、濃縮ホエイ	デソキシコレート寒天培地	32〜35℃	20±2時間
	上記以外の乳・乳製品	BGLB培地	32〜35℃	48±3時間
	氷雪、清涼飲料水、粉末清涼飲料、 ミネラルウォーター	BTB加乳糖ブイヨン	35±1.0℃	48±3時間
	氷 菓 冷凍食品 (無加熱、冷凍前加熱済み:加熱後摂取) 冷凍ゆでだこ、冷凍ゆでがに、生食用冷凍鮮魚介	デソキシコレート寒天培地	35±1.0℃	20±2時間
	食肉製品(包装後加熱)、鯨肉製品、 魚肉ねり製品	BGLB培地	35±1.0℃	48±3時間
E. coli	食肉製品(乾燥、非加熱、特定加熱、加熱後包装) 冷凍食品(凍結前未加熱:加熱後摂取)	EC培地	44.5±0.2℃	24±2時間
	生食用カキ	EC培地(5本法MPN)*	44.5±0.2℃	24±2時間

* 確認培養は行わない。MPN:most probable number(最確数)。

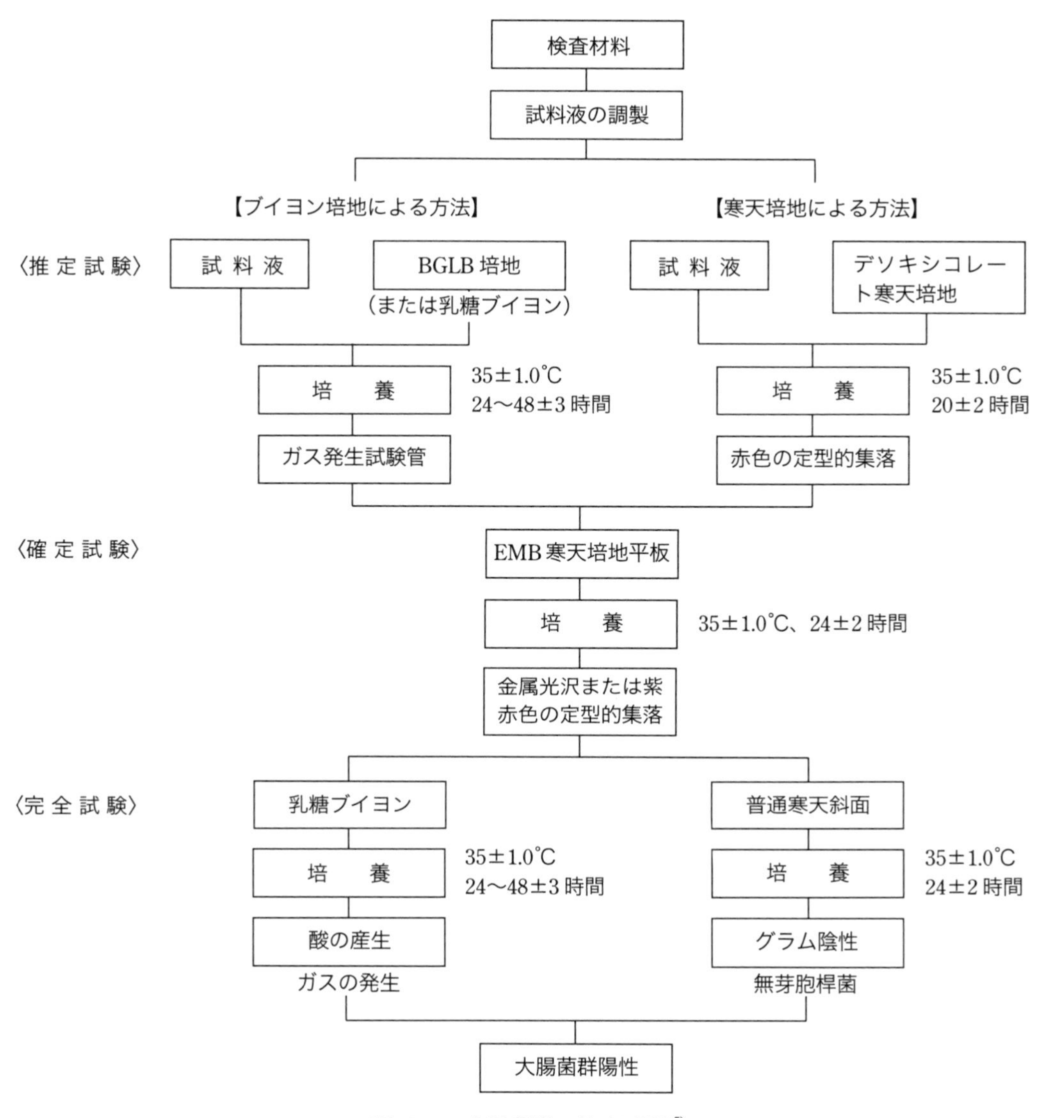

図 7-1　大腸菌群の検査手順[5)]

ブイヨン培地による方法は、菌数が少ない試料に適用され、国際的には最確数（MPN；Most Probable Number）により菌数を測定するが、わが国の公定試験法では一定量の試料中に1個以上の大腸菌群の有無を知る手法として採用されている。一方、寒天培地による方法は、汚染の多い試料に適用され、定量的に大腸菌数を求めることができる。一般的にはこの段階での菌数を大腸菌群数としている。

(1) 推定試験

ブイヨン培地を使用する方法では、ダーラム管を入れ、炭酸ガスの発生およびpH指示薬の変色によって生育を判定する。通常は最確数を採用して菌数を測定することから、連続した3段階について（例えば、10mL、1mL、0.1mL）を各2本使用して計測する。ただし、10mLを接種する場合は10mLずつ分注した2倍濃度の培地を使用する。ガス発生が認められなかった場合は大腸菌群陰性とし、発生した場合は確定試験を行う。

寒天培地を使用する方法では、デソキシコレート培地特有のコロニーが出現した場合、その数を計測し実測値とする。なお、本培地を使用する場合は、培地が固化した後、その上に同一培地または標準寒天培地を重層（3～4mL）する。

(2) 確定試験

大腸菌群が存在した液体培地あるいはコロニーをEMB寒天培地（糞便系大腸菌検出用培地；または遠藤培地）プレート上に画線塗抹して35±1.0℃、24±2時間培養する。プレート上に金属光沢～暗紫赤色の定型的コロニーを形成した場合に、確定試験陽性と判定して完全試験を行う。定型的コロニーが認められなかった場合にも念のために完全試験を行う。

(3) 完全試験

EMB寒天培地プレート上の定型的および非定型的コロニーを2個以上釣菌し、それぞれを乳糖ブイヨン発酵管および標準寒天培地に接種、いずれも35±1.0℃、48±3時間培養後、乳糖ブイヨン発酵管でガスと酸の産生を認め、これに対応する標準寒天培地上の菌がグラム陰性、無芽胞桿菌であれば完全試験陽性となる。

(4) MPN値の算出法

乳糖ブイヨン発酵管中のガス発生は、1個以上の大腸菌群の接種により起こることから、

表7-11 各段階3本ずつ3段階希釈における試料100mL当たりのMPN値と、その95%信頼限界[6)]

陽性管数			MPN 100mL	95%信頼限界		陽性管数			MPN 100mL	95%信頼限界	
10mL	1mL	0.1mL		下限	上限	10mL	1mL	0.1mL		下限	上限
0	0	0	＜3	0	9.4	2	2	0	21	5	40
0	0	1	3	0.1	9.5	2	2	1	28	9	94
0	1	0	3	0.1	10	2	2	2	35	9	94
0	1	1	6.1	1.2	17	2	3	0	29	9	94
0	2	0	6.2	1.2	17	2	3	1	36	9	94
0	3	0	9.4	3.5	35	3	0	0	23	5	94
1	0	0	3.6	0.2	17	3	0	1	38	9	100
1	0	1	7.2	1.2	17	3	0	2	64	16	180
1	0	2	11	4	35	3	1	0	43	9	180
1	1	0	7.4	1.3	20	3	1	1	75	17	200
1	1	1	11	4	35	3	1	2	120	30	360
1	2	0	11	4	35	3	1	3	160	30	380
1	2	1	15	5	38	3	2	0	93	18	360
1	3	0	16	5	38	3	2	1	150	30	380
2	0	0	9.2	2	35	3	2	2	210	30	400
2	0	1	14	4	35	3	2	3	290	90	990
2	0	2	20	5	38	3	3	0	240	40	990
2	1	0	15	4	38	3	3	1	460	90	2,000
2	1	1	20	5	38	3	3	2	1,100	200	4,000
2	1	2	27	9	94	3	3	3	＞1,100		

ISO4831：Microbiology－general guidance for enumeration of coliforms－most probable number technique より作成。

求める大腸菌群の最確数値は陽性試験管数から確率的に求められる。**表7-11**は10mL、1mLおよび0.1mLのように10倍段階希釈した3段階の試料液ついて、それぞれ3本の発酵管に接種した場合の試料100mLまたは100g中のMPN値の算出表である（5本の発酵管に接種する場合もある）。例えば、表中で10mL、1mLおよび0.1mLが2、1、2となった場合、MPN値は95%信頼限界で27個/100mLとなる。

2)　糞便系大腸菌群・大腸菌の検出

糞便系大腸菌群は公定法ではE. coliと表示され、ECテストにより行われる。この検査では、糞便系大腸菌群とこれら以外の大腸菌群の区別が発育温度（44.5℃）に依存しているため、培養温度が正確であることが要求される。そのために44.5±0.2℃と精度の高い恒温水槽で培養する。検査手順は、大腸菌群検査の推定試験で示した方法に従い、試料液を直接EC発酵管に接種、44.5±0.2℃で24±2時間培養する。ガス発生が認められた発酵管についてEMB寒天培地に画線、その後は大腸菌群の場合と同様に操作を行い測定する。定性試験では大腸菌群の存在を確認したEC発酵管が1本でもあれば糞便系大腸菌群陽性（E. coli陽性）である。

大腸菌は公定法では規定されていないが、糞便系大腸菌群と確認されたものについてIMViC試験を行い判定する。

7.3.4　その他の試験法

食品工場における工程管理等に関わる検証等では、必ずしも食品衛生法に記載されている方法（いわゆる公定法）に従う必要はなく、必要とする性能を持ち、妥当性確認が行われた迅速・簡便法を利用するなど、種々の試験法[5,9]を上手に使用すると良い。

1)　酵素基質培地

デソキシコレート培地のような選択培地は、目的とする細菌を選択的に増殖させるための培地組成で構成されているが、それ以外の細菌が発育しコロニーを形成する場合がある。それゆえ目的細菌を判別する能力が必要になる。これに対して、特定の菌種が有する酵素に着目し、その基質に発色または蛍光物質を結合させた無色の基質を利用したものが酵素基質培地である。

例えば、従来の大腸菌群と大腸菌の検査法（選択培地使用）では、推定、確定さらには完全試験が必要とされ、検査には1週間程度が必要であり、検査法も大変煩雑である。これに対して酵素基質培地では、1日の培養で大腸菌群と大腸菌が判別でき定量も可能である。本法では、大腸菌群は乳糖の分解によるガスまたは酸の産生の代わりに酵素β-ガラクトシダーゼ（乳糖分解酵素の一種）活性を、大腸菌のIMViC試験（大腸菌の確認試験）の代わりに酵素β-グルクロニダーゼ活性を指標としている。

一例を示すと、XGal（5-ブロモ-4-クロロ-3-インドリル-β-D-ガラクトピラノシド）とMUG（4-メチルウンベリフェニル-β-D-グルクロニド）を基質として培養すると、XGalは大腸菌が持って

いる β-ガラクトシダーゼにより加水分解され、ブロモクロロインジゴが生成しコロニーが青色を呈し、MUG は大腸菌が持っている *β*-グルクロニダーゼにより加水分解され、メチルウンベリフェロンが生成しコロニーが紫外線下で蛍光を発する。したがって、両基質を配合した培地では大腸菌群と大腸菌をおよびその他の腸内細菌が容易に区別でき[10)]、菌数の計測も可能である。

ただし、酵素基質培地と公定法における菌数は必ずしも一致するものではないが、その精度および迅速性のみならず、検査成績も公定法とほとんど変わらないことが証明されているので、衛生学的検査として目的に合致している。

この基質培地は、大腸菌群や大腸菌のみではなく、腸炎ビブリオ、サルモネラ、腸管出血性大腸菌 O157 などに対応したものが市販されている[5,6)]。

2) 乾式培地

特殊な膜面に培地を乾燥状態で含ませたもので、培地の調製やプレート（シャーレ）は不要である。したがって、廃棄物量が少ないことや、省スペースで培養ができるなどの特徴を有している。手順としては、ストマッカー処理、希釈処理を行った試験液（1mL）を培地表面に置き、フィルムで蓋をした後、所定条件下で培養して出現コロニーを測定するという簡単なものである。

一般細菌数測定用では指示薬が含まれており、微生物のコロニーは赤色を呈するので、試験液に含まれる夾雑物との区別も容易に行える。大腸菌群や大腸菌用では、先に示した酵素基質培地が使用されている。また、使用時に滅菌生理的食塩水で培地を膨潤させることにより、拭き取り検査、落下菌検査やフィルター膜上の微生物の測定ができる。

3) スワップ法およびスタンプ法

作業台、機械器具、手指の表面に付着している微生物量を調べるには、拭き取り（スワップ；swap）法とスタンプ法（stamp）法がある。スワップ法は、生理的食塩水（各種緩衝液、液体培地など）で湿らせて綿（脱脂綿、ガーゼ、市販品など）で測定場所の一定面積（通常は $100cm^2$）を拭き取り、平板培地にそのまま塗抹するか、または付着した微生物を生理的食塩水に懸濁し、公定法の手順で培養・測定する。前者は定性的であるが、後者は定量的に微生物を検出でき、選択培地を使用することにより特定菌種も測定できる。

一方、スタンプ法は、定められた面積の固形培地を直接測定場所に一定の圧力で押し当てた後、培養・測定する方法でコンタクトプレート法とも呼ばれる。また、逆に手指を押し当てる方法もある。この方法は市販されている培地を使用するので、培地の準備や希釈の必要はない。本法は一般細菌以外にも種々の細菌を検出できる培地（選択培地や酵素基質培地）が販売されているので、特定菌種の測定も可能である。ただし、平面には利用できるが、曲面やまな板傷の奥などに存在する微生物検出には不向きである。

4) ISO法・FDA BAM法

食品を輸出する場合には輸入国側の法律に従う必要がある。わが国では大腸菌群や大腸菌の検出にはデソキシコレート培地が使用されているが、ISO法・FDA BAM（Bacteriological Analytical Manual）法では、LST（ラウリル硫酸トリプトースブイヨン）培地やVRBA（バイオレット・レッド胆汁酸塩）寒天培地やこれらと酵素基質培地の組合せ等が使用されているとともに、確定試験等の方法も異なる（**表7-12**）。現在、日本で行われている検査法とISO法等との妥当性確認が進められ、一部の微生物については、その結果が公表されている[12]。

表7-12　各国の衛生指標菌の使用状況[11]

指標菌	日本 食品衛生法	アメリカ BAM法	EU ISO法
大腸菌	×	○	◎
糞便系大腸菌	○	○	×
大腸菌群	◎	○	△
腸内細菌科細菌	☆	×	◎

△：EUの統一基準では使用されない
☆：2011年に初めて採用（生食用食肉）

7.4　清浄度検査

安全な食品を製造するためのシステムであるHACCPやISO22000等では、これらを構築する前提条件（一般的衛生管理プログラム：PPまたはPRP；Prerequisite Program）として、機械器具などの衛生管理を掲げている。この衛生管理を行うためには、洗浄・殺菌が要求される。なぜならば、洗浄・殺菌が不十分な場合、そこには腐敗や食中毒の原因となる微生物、アレルゲンや異物（洗浄剤、殺菌剤などを含む）などの存在が考えられるため、素早く対応（洗浄・殺菌のやり直し）する必要がある。以下に示す方法以外に、デンプンや脂肪（油）などの呈色反応も利用できる[13]。

7.4.1　ATPバイオルミネッセンス法

ATP（Adenosine triphosphate；アデノシン三リン酸）は、生体内の酵素反応のエネルギー源などに利用される化学物質である。したがって、生命活動が行われているところにはATPが存在し、逆にATPの存在は生物の存在の可能性を示している。このことは微生物が存在すればATPが存在し、そのATPを測定すれば微生物数が測定できることを意味している。また、生物起源である食品にもATPが含まれていることから、ATPを測定することにより、食品残渣などの有無の判定にも活用できる（**図7-2**）。それゆえに主に環境の清浄度の迅速測定に使用されている。

ATPの測定はホタルの発光原理を応用したもので、ATP－ルシフェリン（酵素反応基質）－ルシフェラーゼ（酵素）系を利用している。すなわち、ルシフェリンがATPの存在下でルシフェラーゼによって酸化されるときに発光することを利用して、この発光量を発光測定機で測定する方法である。本法を利用した食品工場における洗浄評価基準の一例を**表7-13**に示した。

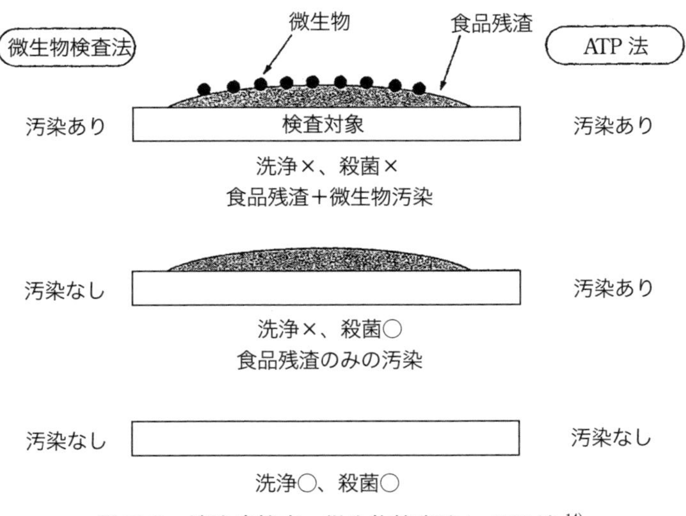

図 7-2　清浄度検査：微生物検査法と ATP 法[14)]

表 7-13　ATP 法による清浄度検査の運用例（食肉加工施設）[14)]

検査対象箇所	管理基準値（RLU）*		1 回目測定値		改善策	2 回目測定値	
	合格(＜)	不合格(＞)					
手　指	1,500	3,000	1,829	B（注意）	指　導	876	A
冷蔵庫取っ手	500	1,000	1,574	C（不合格）	再洗浄	769	B
はさみ	500	1,000	320	A（合格）			
パッド	100	200	44	A（合格）			
スライサー刃	500	1,000	365	A（合格）			
まな板	500	1,000	1,236	C（不合格）	再洗浄	300	A
包　丁	500	1,000	246	A（合格）			
ボール	100	200	237	C（不合格）	再洗浄	80	A
ざ　る	100	200	80	A（合格）			

* 合格と不合格の間の場合、基本は「再洗浄」だが、指導員の裁量で「注意」に留める場合もある。RLU：relative luminescence unit（相対的発光量）。

本法の特徴は、高感度であるとともに、測定時間が非常に短い（約 10 秒）こと、測定濃度範囲が 5 桁と広く、10^{-13}M（モル）ATP（細菌にして 10^{3}cfu/mL 以上）まで測定できることである[15)]。しかし、ATP 含量が細菌と酵母（細菌の 10～100 倍）や食品の種類により異なる（米類などデンプンが多いものや、卵などは含量が少ない）こと、発光が食塩などによって阻害されることなどに留意する必要がある。

7.4.2　タンパク質呈色反応法

ATP バイオルミネッセンス法は食品に含まれる ATP を検出対象にしているのに対して、タンパク質呈色反応法は食品に含まれるタンパク質を検出対象にしている。呈色反応はビュレット反応、ブラッドフォード反応などを応用している。ビュレット反応を利用しているものでは、タンパク質以外に麦芽糖、ブドウ糖、果糖、ビタミン C、タンニンなど還元性物質にも反応する性質があり、これらの物質が含まれていれば（タンパク質はほとんど

表 7-14　洗浄度判定と汚れ（タンパク質）の目安[16)]

色　調	黄緑	青灰	紫	濃紫
レベル	1	2	3	4
洗浄度	高い	＞	＞	低い
汚れ	少ない	＜	＜	多い
反応条件 15～25℃、5分	0μg	100μg	300μg	1,000μg
	（タンパク質として）			

の食品に含まれている）、タンパク質を含まない汚染も検出できる。また、界面活性剤（洗剤）、アルコール、漂白剤などの発色妨害物質の影響も少ない。

本法の特徴は、反応時間が短い（10分程度）ことと、カラースケールが利用できることである（分光光度計でも測定できるが、実際には不要）。カラースケールは発色度を視覚判定できるように4段階に設定（**表 7-14**）してある。したがって、ある程度の定量的判断（食品によってタンパク質含量は異なる）ができることを考慮すると、洗浄のモニタリング・評価に適した方法である。本法において、レベル1は合格値で、レベル2は要注意と判断する。タンパク質汚染があった場合、洗浄が不十分であることを示し、微生物の存在あるいは増殖の可能性を示唆している。

また、この方法は、タンパク質であるアレルゲンの検出にも有効であることから、工場内におけるクロスコンタクト（汚染：アレルゲンの場合はこの用語が使用される）の危険性を排除できる。

7.5　異物検査

異物とは、原材料の生産段階から加工食品の製造・流通工程において、不衛生な取り扱いによって製品中に混入した物質である。異物には硬質異物（金属、石など）と軟質異物（虫、毛髪など）がある。前者は人に危害を及ぼす可能性があり、後者は精神的ダメージを与える。異物混入事例をみると虫、金属類、毛の混入が多い。異物検査では目視のほかに金属検出機とX線異物検出機が使用されている（**表 7-15、図 7-3**）。これらの装置を使用するに

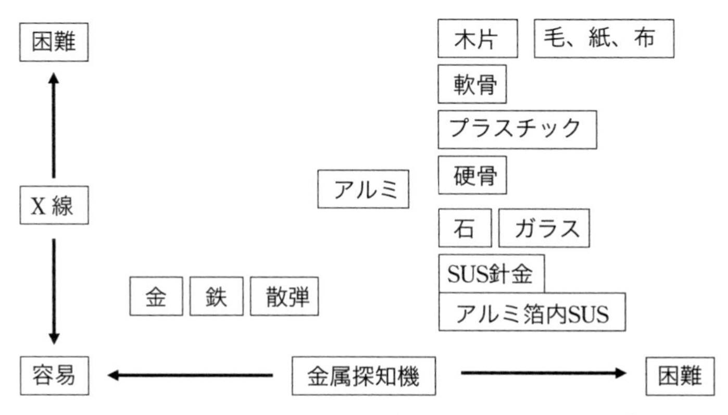

図 7-3　金属検出機とX線異物検出機の検出特性[18)]
（アンリツ産機システム（株））

表 7-15　金属検出機とX線異物検出機の比較 [17]

項　目	X線異物検出機	金属検出機
検出可能な異物	金属、石、骨、ガラス、貝殻、硬質プラスチック	金　属
金属の検出感度	金属の原子番号が大きいほど高感度で検出。このため、鉄、ステンレス共に検出感度が高い	鉄などの磁性金属は磁界の変化量が多いため高感度。ステンレスの非磁性金属は磁界変化量が少ないため検出感度が低い
ウェット品での異物検出感度	X線透過量が含有塩分量に左右されないため検出感度が高い	塩分が多いほど被検査物による磁界変化が多いため検出感度が低い
ウインナ感度	鉄、ステンレス共に 0.6mm 球	鉄 1.0mm 球、ステンレス 2.0mm 球
冷凍食品での異物検出感度	X線透過量が温度に左右されないため検出感度が高い。完全冷凍よりは溶けているほうが高感度傾向	完全冷凍での被検査物による磁界変化はほとんどなく高感度だが、溶けた場合磁界変化が大きくなり低感度になる。完全冷凍状態を保つ必要がある
アルミ包材品での異物検出感度	X線透過量がアルミ包材にほとんど左右されないため、鉄、ステンレス共に検出感度が高い	アルミ包材による磁界の変化が非常に大きいため、ステンレスなどの非磁性金属はほとんど検出できない
機械の大きさ	外部へのX線漏洩を防止するため、構造が大きくなる。0.8m〜2m 程度	磁界は無害なため、構造がコンパクト。0.5m〜1m 程度

あたっては、1〜2時間ごとにテストピースを使用して検査感度を確認する必要がある。

7.5.1　金属検出機

金属検出機は、身体に危害を及ぼす金属異物を検出、排除するために使用されるもので、同軸型と対抗型がある（**図 7-4**）。

同軸型の場合、中央に1つの送信コイルがあり、その両側に2つの受信コイルがある。送信コイルに高周波電流を流すことにより磁界が発生し、この磁力線を受信コイルで検出するが、2つの受信コイルは送信コイルと等距離に置かれるとともに、信号が逆方向に流れるようになっている。したがって、金属異物などがない場合には、信号出力は0になる（バランスドコイルシステムと呼ばれる）。

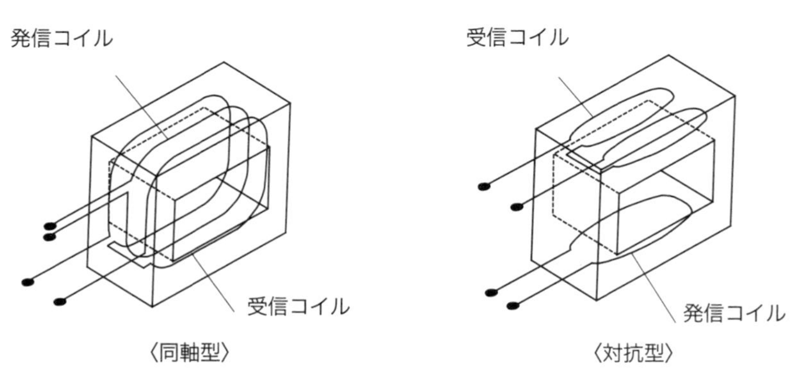

図 7-4　金属検出機の種類 [19]
同軸型（クローズドサーチコイル）、対抗型（スプリットサーチコイル）

送信コイルの作る磁界のなかに鉄などの磁性金属が持ち込まれると、磁界（磁力線を吸収）を歪ませ、影響された側の受信コイルに誘導される電圧を高め、その結果として不平衡電流（通常はプラス方向）が生じる。

一方、ステンレスなどの非磁性金属が持ち込まれると、影響された側のコイルに誘導される電圧を減少させ、同様に不平衡電流（通常はマイナス方向）が生じる。これにより、鉄やステンレスなどの金属異物を検出している。

金属検出機はその原理上、被検査物や設置環境の影響を受ける。その１つが金属異物の存在状態である。被検査物の面積が大きくなるほど大きな過電流が生じ、誤作動を起こす場合があるので、被検査物の検出ヘッドへの侵入角を考慮する必要がある。また、混入異物の形状や混入位置により検出できないことがあるので、検出ラインの方向を変えて設置（X 方向と Y 方向：被検出物を自動的に 90 度変えて検出する）し、排除精度を向上させることが行われている。

さらに、被検出物に含まれる多くの物質（食品中の鉄分、水分、塩分など）に影響を受けるが、自動調整することによって使用上は問題ない。また、アルミ包材中の検出は困難とされていたが、これに対応した機種もある。

なお液状食品では、その瓶詰め速度が速いと金属検出機が対応できないことがある。そのような場合は、瓶詰め工程前に金属異物を排除する手段として、フィルター除去装置や、パイプラインの外側に強力な磁石を設置している。

7.5.2　X 線異物検出機

X 線異物検出機は、食品を構成する成分（炭水化物、脂質など）と異物（金属、ガラス、骨など）の X 線の吸収量の違いを応用している。

X 線発生装置（X 線管）は、電子を放出する陰極フィラメントと陽極を対向させ、陰極と陽極の間に電子を加速させて 30〜60kV の電圧を印可する構造になっている。これにより X 線が発生するが、発生した X 線を光学システムにより約 1mm の厚さの扇形の面状ビームに変換し、これを被検査物に照射している。X 線は被検査物を貫通するが、そのときエネルギーの一部を失い減衰する。減衰量は被検査物の密度と厚さに依存することから、貫通した X 線をリニアアレー検出器で検出し、画像処理などを行い異物の有無を検出している（人のレントゲン撮影と同じ原理）。

検査対象食品としては、金属検出機では検出が不可能とされていた缶詰食品、アルミ包材包装食品をはじめ、ほとんどの食品に利用できる。検出できる物質は、密度が食品よりも格段に高い金属、石、ガラス、骨、プラスチックの塊などで、検出できないものは密度が食品と近い、木、プラスチックフィルム、絆創膏、虫、毛髪、ゴムバンド、ひもなどである。また、梱包中の欠品の検出、液量不足や異物の存在位置がわかることから、異物を除去した後に被検査物の安全な部分を使用することができる。留意事項として、人体に対する規制（電離放射線障害防止規則）が定められており、装置からのX線漏洩量が3カ月当たり1.3mSv（ミリシーベルト）を超える場合には、装置の管理区域を設け、X線作業主任者を置き管理しなければならない。1.3mSvに満たない装置においては、管理区域、X線作業主任者は必要ないが、設置30日前に労働基準監督所に届け出る必要がある。

一方、食品に対する規制（食品衛生法など）では、「食品の吸収X線量が0.1Gy（グレイ）以下であれば規制を受けない」となっている。しかし、X線異物検出機は、X線を遮蔽する構造となっているとともに、照射量も少ないことから食品に対する影響は少ないとみてよい[18]。

7.6　アレルゲン検査

アレルギー物質は、アレルギー患者に対して重篤な健康危害をもたらす。この健康危害を未然に防止するために、特定原材料（乳、卵、そば、小麦、落花生、カニ、エビ）の表示義務と特定原材料に準じるもの（ゴマ、カシューナッツなど21品目）に対しては、表示の奨励が実施された。これに関連して、厚生労働省により特定原材料の検査方法が定められた[20,21]。

アレルギー物質を含む食品の表示に関する検査法は、**図7-5**に示すような方法が取られており、ELISA法（Enzyme-Linked Immuno Sorvent Assay：酵素免疫定量法）によるスクリーニングと、その結果に基づいてウエスタンブロット法あるいはPCR法による確認試験を行うこととされている。現在、販売されている定量検査キットを**表7-16**に示した。

ここではELISA法の原理について示す。

抗原抗体反応と酵素による発色を利用して物質を測定する方法は、EIA法（Enzyme Immunoassay：酵素免疫抗体法）と呼ばれている。EIA法のうち、プレート（主に96穴プレート：支持体）などに抗体を固定した方法がELISA法と呼ばれ、競合法とサンドイッチ法がある（**図7-6**）。ELISA法はいずれもサンドイッチ法を採用している。

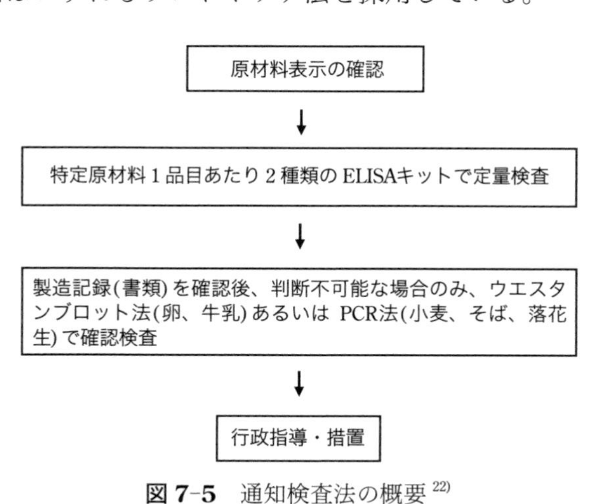

図7-5　通知検査法の概要[22]

表 7-16　アレルギー検査キット（バリデーションが行われたもの）[20]

検査キット販売会社	検査キットと検査対象食品など
日本ハム(株)	FASTKIT エライザ（Ver. Ⅲシリーズ（卵、牛乳、小麦、そば、落花生）
(株) 森永生科学研究所	モリナガ FASPEK エライザⅡ（卵（卵白アルブミン)、牛乳（カゼイン)、小麦（グリアジン)、そば、落花生
プリマハム(株)	アレルゲンアイ ELIZA Ⅱシリーズ（卵（オボアルブミン),牛乳（β-ラクトグロブリン)、小麦、そば、落花生
日水製薬(株)	FA テスト ELA-甲殻類Ⅱ「ニッスイ」
マルハニチロ(株)	甲殻類キットⅡ「マルハニチロ」
(株) 森永生科学研究所	モリナガ　FASPEK　卵ウエスタンブロットキット（卵白アルブミン、オボムコイド)、モリナガ　FASPEK　牛乳ウエスタンブロットキット（カゼイン、β-ラクトグロブリン)

サンドイッチ法は以下の手順によって抗原量を測定するものである。支持体に抗体（Ab）を結合させた固相に、抗原（アレルギー物質：Ag）を添加すると、抗原抗体反応により Ab と Ag が結合する。非結合物を洗浄により除去した後、抗体—酵素結合物質（Ab-E）を添加すると、先に結合した Ag と結合する。非結合物（Ab-E）を除去した後、酵素の基質を添加すると酵素反応により生成物ができ発色するので、その程度を測定する。この発色は結合した酵素量に比例する（すなわち、抗原量と比例する）ので、発色度から抗原の濃度が測定できる。比較には標準抗原を用い、その発色度と比較する[22]。

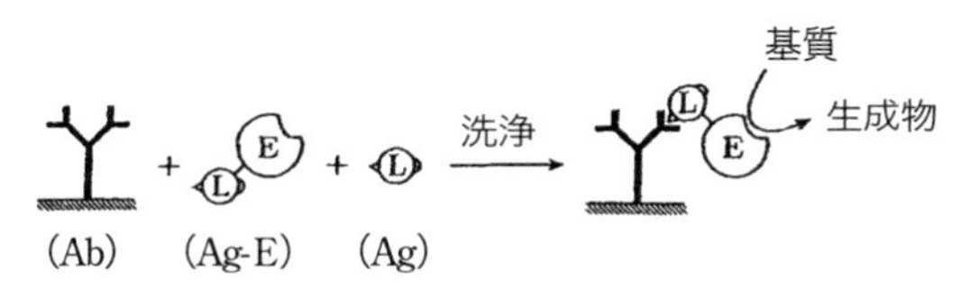

(a) 競合法

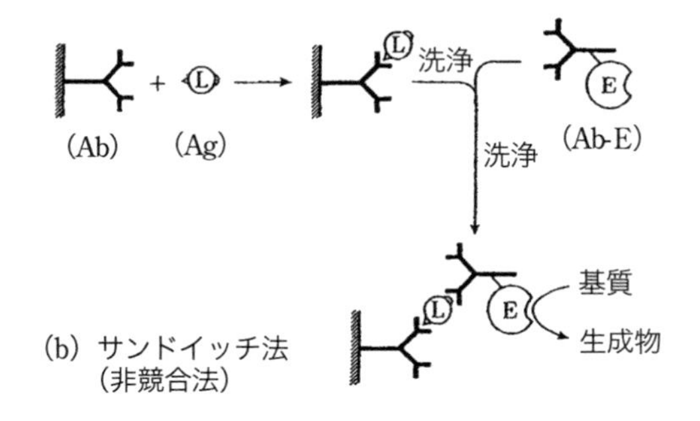

(b) サンドイッチ法（非競合法）

図 7-6　固相 EIA 法（ELISA 法）[23]

競合法は、Ag と Ag-E（抗原—酵素結合物質）を同時に固相に加えることによって、固相との結合反応が競合して起こることを利用したもので、競合の結果、Ag の濃度が高いと固相と結合できる Ag-E が少なくなることから、標準曲線はサンドイッチ法とは異なり反比例する（**図 7-7**）。

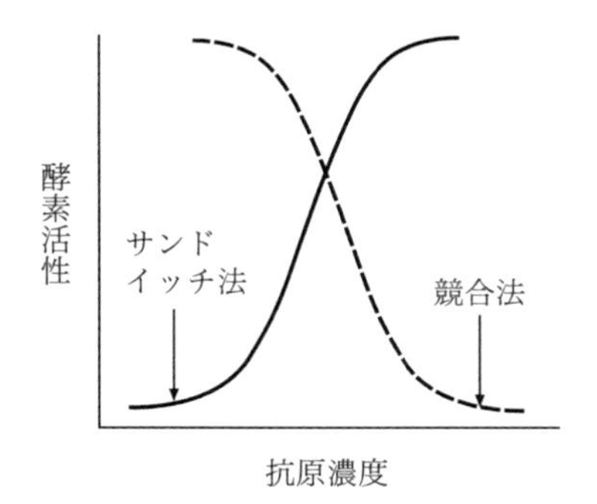

図 7-7　競合法とサンドイッチ法の標準曲線[23]

一方、表示に関しては必ずしも上記のような検査を行わなくてもよい。しかし、アレルギーはアレルギー物質が 10ppm 以上存在すれば起こることから、原材料や食品添加物の仕様書に記載されているアレルギー物質を洗い出すことによって安全性を確認することが必要である。

お わ り に

衛生管理では、主に次亜塩素酸系の殺菌剤が使用されているが、このような殺菌剤は有機物と反応し、有効塩素濃度が減少して殺菌効果が低下する。これを防止するためには有効塩素の定量が必要になる。また、微生物制御のためにはpHや水分活性の測定が、品質面では、塩分、糖分、Brix、粘度、過酸化物価など種々の測定が必要になる。この章で示したのは、食品品質管理における測定法の一部である。食品製造においては様々な製品が製造されているので、その目的に合致した項目を選択し測定する必要がある。公的機関や分析会社などでは、食品衛生法に則り分析･測定する必要があるが、自主検査においては、食品衛生検査指針に掲載されている方法や、測定機器メーカーが販売している簡便法や迅速定量法などが使用可能である。

HACCPの制度化や食品事故の教訓により、消費者は食の安全・安心に対して常に関心を寄せていることから、製造する側にあっては、ここに示した試験法などを上手に活用して、より安全・安心な食品を提供して頂きたい。

参 考 文 献

1) 古川秀子：おいしさを測る－食品官能検査の実際－、幸書房（1994）
2) 古川秀子：日科技連官能検査シンポジウム要旨集、p.111（1997）
3) 日科技連官能検査委員会（編）：新版官能検査ハンドブック、p.601、日科技連（1973）
4) 藤間一郎・大高広明：ISO/IEC 17025　日本規格協会（2018）
5) 厚生省（監修）：食品衛生検査指針　微生物編、日本食品衛生協会（1990）
6) 厚生労働省（監修）：食品衛生検査指針　微生物編、改訂第２版　日本食品衛生協会 (2018)
7) 宮尾茂雄：食品衛生学雑誌、**44**（5）、J-315（2003）
8) 森地俊樹（監修）：食品微生物検査マニュアル（新版）、栄研器材（2002）
9) 厚生労働省（監修）：食品衛生検査指針・微生物編（細菌）注解　日本食品衛生協会 (2017)
10) 木暮実：HACCP、**7**（2）、18（2001）
11) 浅尾努：2016年食品開発展セミナー　(2016)
12) 食品からの微生物標準試験法 : http://www.nihs.go.jp/fhm/mmef/protocol.html
13) 春田三佐夫、細貝祐太郎、宇田川俊一（編）：目で見る食品衛生検査、中央法規出版（1989）
14) 本間茂：ジャパンフードサイエンス、**40**（4）、67（2001）
15) 本間茂：食品と開発、**32** (11)、7 (1997)
16) 井上富士男：食品機械装置、**34**（1）、52（1997）
17) 相田紀子：HACCP、**13**（8）、64（2007）
18) 関隆行（アンリツ産機システム（株））：化学装置、**45**（6）、36（2003）
19) 横山理雄、里見弘治、矢野俊博（編）：HACCP必須技術、p.140、幸書房（1999）
20) 食発1106001号；平成14年11月6日（最終改正平成18年6月12日食安発第0622003号）
21) 消食表第286；平成22年9月10日（最終改正 平成26年3月26日消食表第36号）
22) 穐山浩：食品衛生学雑誌、**44**（2）、J-169（2003）
23) 松本清：食品分析学、p.103、培風館（2006）

（矢野 俊博）

第８章　現代の食品流通とトレーサビリティ

8.1　トレーサビリティとは

食品をめぐる事故・事件には、安全性そのものが問題になる場合と、安全性には問題はなくても、食品に添付された情報の信頼性が問題になる場合とがある。「安全」は、食品そのものの物理的・化学的・生物学的特質に関する問題であり、客観的・科学的に判断できる。それに対して、「安心」は消費者自身の問題、消費者の心の中の問題であり、主観的・情緒的問題である。消費者に安心を提供するためには、安心するに足る十分な情報を提供しなければならない。「安心」はその意味で、食品に添えられた情報を消費者がどのようにとらえるかの問題ともいえる。

トレーサビリティは、産地から食卓に至る食品の移動を明らかにすることを通して、消費者に安心を提供するための仕組みである。トレーサビリティが安全を保証するものであるかのように誤解している消費者もいるが、トレーサビリティは食品の安全性を直接保証するものではない。安全を保証することと、安心を提供することとはまったく別の次元の問題なのである。このような誤解は、「安全・安心」のように２つの言葉がセットで用いられていることに起因している。いくら安全に配慮して生産したとしても、そのことが消費者に正確に伝わらなければ、消費者に安心を提供することはできない。つまり、トレーサビリティは、その情報を提供するパイプとしての役割を果たす仕組みである。トレーサビリティを考える場合には、安全と安心をきちんと分けてとらえなければならない[1, 2]。

2007年３月に改訂された「食品トレーサビリティシステム導入の手引き（食品トレーサビリティガイドライン）」[3]（通称「ガイドライン」）では、食品トレーサビリティは「生産、加工および流通の特定の１つまたは複数の段階で、食品の移動を把握できること」と定義されている。即ち、トレーサビリティは食品の移動を明らかにするだけで、それ以上のことを約束しないということなのである。

ガイドラインには、最初に「トレーサビリティシステムは、食品の安全性に関わる事故や不適合が生じたときに備え、また表示など情報の信頼性が揺らいだときに正しさを検証できる仕組みである」と記されており、事故が起きた後の被害を最小にするための仕組みとされているのである。ここで食品という言葉は「全食品」、すべての食品を指している。最近、食品行政の基本とされているリスク分析は、事故の予防・未然防止を目的としており、それと比べると、事故後の処理のための仕組みとしてのトレーサビリティは、機能する局面がかなり限定されたものであるといえる。

8.2 トレーサビリティ導入の目的

トレーサビリティシステム導入の目的として、ガイドラインであげられているのは、(1) 食品の安全確保への寄与、(2) 情報の信頼性の向上、(3) 業務の効率性の向上への寄与である。

まず、(1) の安全確保への寄与では、食品事故や不適合が生じた場合に、その原因を探索するために、迅速かつ容易にプロセスを遡ることができるとされている。また、その食品の安全性に関するモニタリング・データが記録されていれば、原因の探索が容易になること、また、正確で迅速な撤去・回収を行うために、事故や不適合が生じた食品を絞り込み、その行き先を特定することができること、さらに、食品の履歴に由来する健康への予期せぬ影響や長期的な影響が明らかになった場合、その食品の履歴情報が保存されていれば、データの収集を容易にしリスク管理手法の発展を助けること、事業者の責任を明確にすることができるとされている。

次に、(2) 情報の信頼性の向上では、経路の透明性を確保すること、消費者と取引先、国および地方公共団体への迅速かつ積極的な情報提供を行うことができること、食品と記録の照合関係を確保することによって、表示の正しさを検証できること、の諸点があげられている。

(3) の業務の効率性向上への寄与では、在庫管理や品質管理を効率的に行うことができるようになり、これによって費用の節減や品質向上の効果が期待できるとされている。

先にも紹介したように、トレーサビリティは食品の移動を明らかにするためのシステムであり、事故原因を究明するためには、食品の安全性に関する別の情報が必要になる。生産履歴情報を管理したり、HACCP 等の仕組みを導入してモニター情報を管理していることが、迅速な事故原因究明のための前提条件である。またそのような安全性に関する情報をきちんと管理していれば､問題を起こしそうな食品が市場に出回ることはないであろう。その意味で、トレーサビリティシステムと安全管理システムの導入がなされていれば、事故を未然に防ぐことが可能になる。

トレーサビリティシステムを導入する目的は、企業によって当然異なるであろうと考えられる。また､どの目的に重点を置くかも企業ごとに異なるであろう。ガイドラインでは、食品特性や消費者の要求、企業の規模等を考慮して、トレーサビリティシステムに取り組むそれぞれの企業が決めることとされている。

8.3　トレーサビリティの基本要件

トレーサビリティは、先に述べたように、製品の移動を明らかにするための仕組みである。そのためにいくつか整備しなければならない条件が示されている。トレーサビリティが備えるべき基本要件として、ガイドラインでは以下の9つの原則があげられている。

原則1　識別単位の定義
原則2　識別記号のルール
原則3　分別管理
原則4　一歩川上への遡及可能性の確保
原則5　内部トレーサビリティの確保
原則6　一歩川下への追跡可能性の確保
原則7　識別記号の添付方法
原則8　情報の記録・伝達媒体
原則9　手順の確立

1)　原則1　識別単位の定義

まず、「原則1　識別単位の定義」というのは、製品および原料をどこまで細分化して別のモノとして扱うのかを決める、ということである。これが、製品の移動を把握する単位となる。製品によっては、肉牛のように1頭単位というものもあるし、あるいは野菜のように段ボール箱単位のものもある。とりあえず、食品として識別（区別）する単位、追跡する単位を決めなければならない。

識別単位を細かくすれば、事故が起きたときの回収効率は上がるが、識別単位ごとに分けて流通させなければならないことから、取り扱い費用がかさむことになる。逆に識別単位を大きくすれば、事故が起きたときの回収費用がかさむことになる。例えば、1農家が出荷した野菜を識別単位とした場合と、その生産者が加入するJAの1日出荷分の野菜を識別単位とした場合では、事故が起きたときの回収範囲は大きく異なる。つまり、ある生産者の野菜から残留農薬が検出された場合、農家ごとの野菜を識別単位としていれば、その生産者の出荷した野菜だけを回収すればいいことになるが、JAを識別単位にしていれば、誰が出荷した野菜であれ、そのJAの出荷物をすべて回収しなければならなくなるということである。

通常、識別単位は荷扱いの単位でもあるロットが使われることになる。ロットをどうやって形成するかは、製品特性や生産条件によっても異なる。ロットをどのように形成するかは、トレーサビリティシステムの費用対効果に大きな影響を与えるので、慎重に行われなければならない。

2)　原則2　識別記号のルール

次に原則2は、識別単位が決まったら、それぞれの識別単位に、それらを識別（区別）するための記号を割り振らなければならない。識別記号は、通常、アルファベットと数字の組み合わせの形をとるが、他の製品と重複しないように、唯一性を保って決められなければならない。識別記号の唯一性が保たれていないと、いざトレーサビリティを利用して商品回収をしなければならないというときに混乱を生じかねない。例えば、A1という識別記号が、A農家の野菜とAメーカーの加工野菜の両方に添付されていると、A1という識別記号だけでは、どちらのものなのかが区別できなくなってしまう。これではトレーサビリティは機能しない。

3)　原則3　分別管理

識別記号は、原則3の分別管理の基盤ともなるものである。識別記号の異なるものを一緒に扱うのではなく、それらをきちんと区別して、別物として扱わなければならない。識別単位を小さくすると荷扱いの手間がかかるのは、このためである。分別の手間は商品特性によっても大きく異なる。識別記号の異なる原料・製品をどのようにして分別し管理するか、あらかじめきちんと決めておかなければならない。

4)　原則4・5・6

フードチェーンを構成する各企業が備えなければならないのが、一歩川上への遡及可能性（ワンステップバック・トレーサビリティ：one step-back traceability）（原則4）と内部トレーサビリティ（internal traceability）（原則5）、一歩川下への追跡可能性（ワンステップフォワード・トレーサビリティ：one step-forward traceability）（原則6）である。一歩川上・川下というのは、アメリカではワンアップ・ワンダウントレーサビリティ（one up, one down traceability）と呼ばれることもある。また「遡及」や「追跡」という言葉は、モノの移動を追う方向を示す言葉として利用されるが、トレーサビリティの定義変更に合わせて、1つ手前、1つ後の段階までという意味を鮮明にするために「一歩川上」、「一歩川下」のように言葉自体を変更したといえる。

まず、内部トレーサビリティについて説明する。内部トレーサビリティというのは原材料を仕入れてから食品として販売するまでの、事業所内でのトレーサビリティのことである。例えば加工工場の場合なら、原料として入荷したものを、どのように統合し（混ぜ）、またどのように分割（小分け）して最終商品を作り上げたのかを、きちんと原料と製品を関連づけて記録・管理することである。事業所に受け入れたものがどのようにして統合・

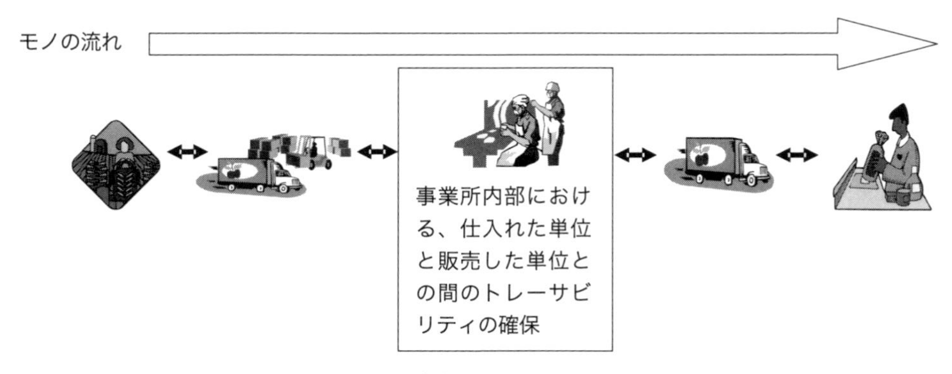

図8-1　内部トレーサビリティ

分割されたのかを明らかにできるように、作業前の識別単位と作業後の識別単位をきちんと関連づけて管理しなければならない。またその過程を識別記号とともにきちんと記録しておかなければならない（**図 8-1**）。

異なる識別番号を持つロットが混ざり合う場合には、きちんとその事実を記録・管理しなければならない。あとは識別記号を識別単位ごとに添付して分別管理し、それを記録・管理すればよいのである。生産・加工工程の途中で複数のロットが統合されるときには、統合前後のロット・識別記号の関係を記録・管理し、1 つのロットが多くのロットに分割される場合には、分割前後のロット・識別記号の関係を記録・管理すればよい。移動や加熱・冷凍等、ロットの統合も分割も行われない場合には、あえて新たな識別記号を付与する必要はない（**図 8-2**）。

原則 4 の「一歩川上への遡及可能性」は、仕入れた単位の仕入れ先を特定できることであり、原則 6 の「一歩川下への追跡可能性」というのは、販売した単位の販売先を特定できることである（**図 8-3**）。

一歩川上、一歩川下への追跡可能性は、事業者間・企業間での情報のやりとりが前提になる。ガイドラインでは、識別記号のルールに関して「複数の取引先から製品を受領する事業者にとっては、各取引先の製品の識別記号のルール（コード体系）が統一されていれば、

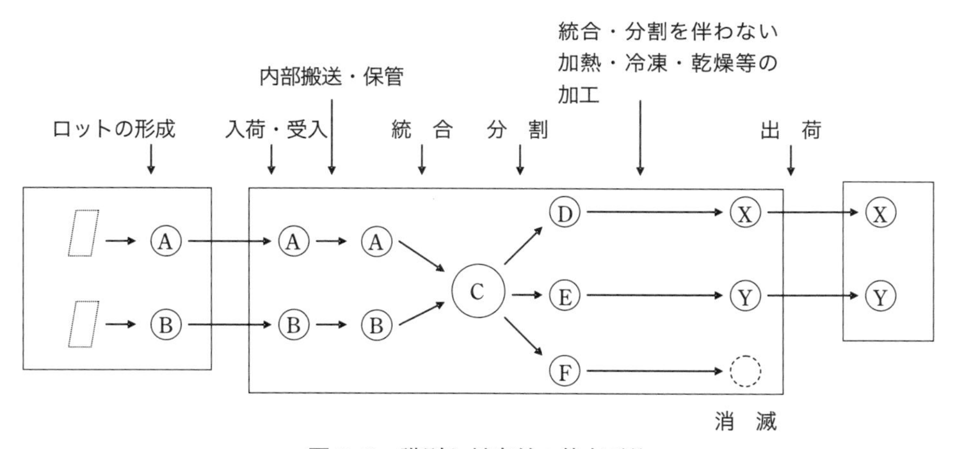

図 8-2　識別と対応付の基本要件

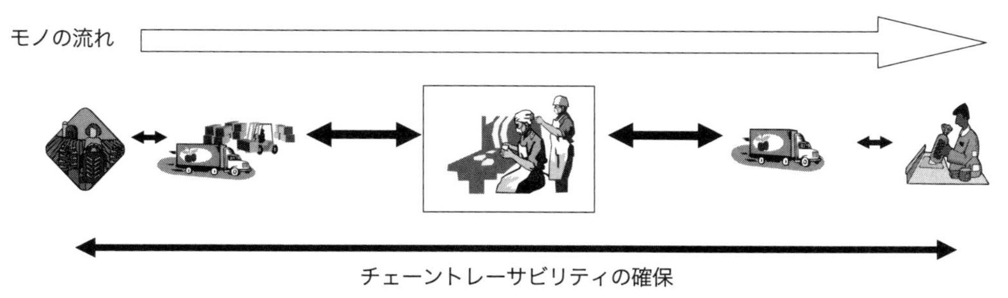

図 8-3　一歩川上・川下への追跡可能性

ワンステップバック（フォワード）トレーサビリティ

受領した製品の識別記号の記録やその管理がしやすい。合意が得られるならば、関係者間で識別記号のルールを統一することが望ましい」とされている。事業所間での相互運用性を確保する意味でも、この部分のトレーサビリティ情報の伝達・交換は相互に利用可能な形で、できれば標準化された形で行われるのが望ましい[4)]。

5) 原則7 識別記号の添付方法

また、識別記号をどのように添付するのか、あらかじめ決めておかなければならない（原則7）。ロットにどのようにして識別番号を添付するかという問題に関しては、直接文字・数字を印字したり、識別記号を記したラベルを貼り付けたり、ICタグのような伝達媒体を利用する方法が考えられている。具体的には、今のところラベルやバーコード、QRコード（二次元バーコード）が主に利用されているが、ICタグ（RFID）も将来的に有力な候補として考慮されている。伝達媒体は商品特性を考慮して決めるべきである。

6) 原則8 情報の記録・伝達媒体

さらに、製品に識別記号を添付するだけではなく、その情報をどこに、どうやって記録・保管しておくのかも決めておかなければならない（原則8）。識別と対応づけのための情報の記録・管理の方法については、帳票のまま管理しても、あるいはデータベースとして管理しても、いずれでも構わないとされている。これについては費用対効果を考慮して、事業者が独自に決めることになっている。ただし、情報の高度利用という面からは、やはりデータベースとして管理するほうが格段に利用価値が高いことは明らかである。

また、システムの相互運用性の確保という観点からは、食品そのものに添付されるシンボルとしての媒体と、情報を伝えるものとしての媒体とをきちんと分けて考える必要がある。事業者としての立場では、食品に添付された情報の視認性が重要になる。停電でQRコードやICタグの中の情報を読むことができなくなったからといって、作業を中断しラインをストップすることはできないというのが実情であろう。事故が起きた際にも、従業員が最低限、商品に添付されたラベルなりバーコードなりを目視して、中身を確認できるようにしておく必要がある。いくら記録容量の大きいICタグを利用していても、商品に対して添付されるシンボルとして視認性の高い情報の必要性はなくならない。

7) 原則9 手順の確立

多くの情報をデータベースとして管理する場合でも、ICタグ等に書き込まれた識別記号を通じて得られる情報の内容が異なっているのでは、極めて使い勝手が悪い。相互運用性を確保するためにも、読み取られた情報自体にある程度の共通性がなければ、相互運用は不可能である。それでは一歩川上・川下への追跡可能性は確保できないということになる。このようなことを避けるために、関係者間で情報伝達の手順をきちんと確立しておくことが大切である。

8.4　トレーサビリティシステム導入の目的と期待される機能

8.4.1　事業者にとっての目的と機能

事業者の立場でトレーサビリティに期待するのは、リスク管理の手段としての機能、在庫管理、品質管理等を効率化する機能であろう。リスク管理は本来、リスクを削減するための方法である。ガイドラインに記されているのは、その意味で消費者の健康にとってのリスクというよりは、企業・事業者にとっての経済的リスクである。また、トレーサビリティに期待されているのは、事故原因の迅速な究明と効率的な回収・撤去である。

しかし、事故原因を究明するためには、食品の安全性にかかわる情報が、当該食品を扱ったそれぞれの現場できちんと管理されている必要があることと、フードチェーンのすべての段階を通して食品の追跡を可能とするチェーントレーサビリティが構築されていることが前提となる。

小売り現場で事故品が発見されても、一歩川上の市場までしか遡れないのでは原因究明は覚束ない。ただし、企業・事業者が原則5に示された内部トレーサビリティ、原則4、6の一歩川上・川下への遡及・追跡可能性を確立していれば、責任の所在を明らかにすることが可能になる。事業所内での扱いに原因があったことが明らかになれば、一歩川下へ連絡を取り、回収を要請することになる。一歩川下の企業・事業所がトレーサビリティを完備していなければ、そこで多大の時間と労力が必要となり、被害が拡大する恐れがある。その意味でも、取引相手はきちんと選ぶ必要がある。

チェーントレーサビリティが完備している場合には、これらの一連の作業が効率的に行われ、健康被害の拡大を防ぐことができるようになる。一歩川上・川下の追跡可能性を確保することはとっかかりであり、目指すのはフードチェーンを通じてのチェーントレーサビリティである、ということは定義が変更された後も変わらない。

むしろ重要なことはトレーサビリティ、特に内部トレーサビリティを導入することで、同時に安全確保に対する備えができることである[5)]。内部トレーサビリティは、日頃から安全を第一にしている企業では、自然に備わってるはずであり、改めてトレーサビリティシステムを導入しなくても、工場内での安全確保のために取り入れられていた工程管理システムを改良することで、すぐに構築できるはずである。例えば、先入れ・先出しのような基本をきちんと守るためには、原材料を特定し、入庫日を管理しなければならない。これができていれば消費期限切れの原料はすぐに特定できる。トレーサビリティを、事故処理のための仕組みとしてではなく、事故品を流通させる前に発見し、市場に出さないための備えとして、安全管理システムと連結するという姿勢がなければならない。

また、在庫管理や品質管理の効率化についても、多くの企業が安全管理との連携で成果を上げている。トレーサビリティを単に「食品の移動を把握するためのもの」として導入するのであれば、このような波及的効果を期待することはできないであろう。要は市場に出回る「食品」は、本来安全でなければならないという商品特性を考えて、「安全な商品」を提供するという基本姿勢が確立されていなければならないということになろう。

8.4.2　消費者にとってのトレーサビリティの意味と機能

消費者がトレーサビリティに期待しているのは「より安全な食品を安心して購入・消費できる環境」である。消費者はトレーサビリティに何を期待しているのか、むしろ企業にとってはこちらの情報のほうが重要になると思われる。しかし、これについてはいまだに不明な点が多い。牛トレーサビリティ法が2003年に施行されたが、いま、牛肉を購入する際に、どれほどの消費者がいわゆる10桁番号を確認しているだろうか。ほとんどの消費者にとっての興味は、国産か輸入かくらいにしかないものと思われる。国産か否かは安全とは別の次元の問題なのであるが、消費者のアンケート調査等を見ても、産地を安全性判断のための基準とする消費者がいまだに多く存在する。産地表示の義務化も、このような消費者の要求に基づいたものである。

消費者が真に望んでいるのは恐らく「食品の移動を把握できること」だけではない。消費者が望んでいるのは「より安全な食品」であり、そのことの保証である。トレーサビリティは、安全であるということを確認できる情報へのパイプ役でしかない。多くの食品企業がホームページ等で工場の紹介をしていたり、商品に二次元バーコードを付して産地の紹介をしたりしているのはその要求に応えるためである。消費者にとって最も重要なのは「食品の安全性」であり、そのことを確認できる情報を得て、安心して購入・消費したいと考えているのである。

トレーサビリティで提供できるのは情報である。近年、食の安全に対する消費者の関心が高まってきており、食品には多くの情報が添付されて供給されている。情報はいまや食品にとって欠くことのできない品質の1つであるといえる。

商品の品質特性は3つに分けて考えることができる。1つは形や色、大きさ等見ただけでわかる探索財的特性。2つ目は甘い辛い等の味のように、消費してわかる経験財的特性。3つ目が産地や栽培法等、見ても消費してもわからない信用財的特性である。最近重要性を増しているのが、この信用財的特性である。この特性を伝えるためには、情報の提供が必要になる。いかにして商品にふさわしい情報を消費者に届けることができるか、いかにして商品選択に役立つ情報、安全性を確認するための情報を届けることができるかという特性は、今や「第三の品質」と呼ぶべき、商品の品質を担うものとして重要なポイントとなっている。

トレーサビリティシステムは、先にも紹介したように消費者と産地・事業者との間のコミュニケーションツールとしても利用できる。つまり、「顔の見える関係」を「安全の見える関係」にまで昇華させるための道具ともなり得るのである。

8.5　トレーサビリティが有効に機能するために

8.5.1　事故を未然に防ぐ

食品安全基本法はもちろん、HACCPやISO22000も食品に関する事故・事件を未然に防ぐことを目的としている。しかし、トレーサビリティの目的は改訂版ガイドラインでも「食の安全性に関わる事故が生じたときや、表示など情報の信頼性が揺らいだときに備える」ことであり、そのための仕組みであるとされている。

具体的な目的の第一にあげられている「食品安全性向上への寄与」にしても、「食品の安全性などに事故が生じた場合に、その原因を探索するために、迅速かつ容易にプロセスを遡ることができ、原因の究明が容易になるとともに事故が生じた食品や行き先を絞り込んで、正確で迅速な回収･撤去を行うことができ、被害を最小限に食い止め、フードチェーン全体の経済的損失を最小限にとどめることに寄与できる」こととされている。即ちトレーサビリティシステム自体は、先にも述べたように、事故を未然に防ぐためのシステムというより、事故処理のため、といったほうがよいシステムであり、トレーサビリティシステムが真価を発揮するのは、事故が起きた後のこととされているのである。

しかし現状では、トレーサビリティシステムを導入し、きちんと運用していたとしても、いったん事故を発生させたら、企業の存続そのものが危うくなるのは目に見えている。トレーサビリティを導入し、HACCPやISO22000の認証を受け、安全性に最大限の配慮をしていても、事故をゼロにすることはできない。すべての企業が事故を発生させる可能性を持っている。たとえトレーサビリティシステムが十全に機能してリスクの高い食品を特定することができたとしても、それだけで事件が収まると考えているような甘い企業は存在しないであろう。したがって、リスク分析の基本姿勢でもある事故を未然に防ぐことが企業にとって大切である。

8.5.2　トレーサビリティシステムを活かす前提条件

一旦事故を発生させたら、甚大な損害を回避することは困難である、ということを念頭に置き、トレーサビリティシステムを活かして被害をできるだけ少なくするためには、以下のような前提条件が満たされる必要がある。

第一に、消費者がトレーサビリティに関して十分理解していなければならない。トレーサビリティとはどのような仕組みで、何が可能なのかをきちんと理解してもらうことが前提になる。消費者に対するトレーサビリティの概念に関する普及活動は、農林水産省を主体に数年前から何度も行われており、全国各地でトレーサビリティセミナーが開かれてきた。しかし、トレーサビリティの認知度はいまだに低いとしかいえないのが現状である。

第二に、当該企業と消費者の間に信頼関係が築かれていることである。常日頃から情報を提供して消費者の信頼を得ていないと、事故直後にいくら情報を開示しても手遅れでしかない。ましてや情報が錯綜していたり、次から次へと新しい情報が出てくるようでは、事故のあった食品ばかりではなく、企業そのものの市場からの撤退を余儀なくされることになる。このような事態を避けるためにも、日頃からの消費者とのコミュニケーションがいかに大切かということは明らかであり、トレーサビリティの機能の1つとしてあげられているコミュニケーションツールとしての役割をもっと大切にしなければならないのである[6)]。

8.6 トレーサビリティに期待される役割

トレーサビリティは、事故処理の際に活躍するシステムであるということについて述べてきた。実際に非農業の分野では、事故品の製造番号等を明示して回収が行われている。最近では、ナショナルがFF式石油暖房機の回収を大々的に行って話題になった。ナショナルは多大の経費をかけて広告を出し回収を続けているが、いまだに全機の回収には至っていない。食品の回収も頻繁に行われているが、往々にして経済的被害は特定品目以外にも波及する。いわゆる風評被害である。

風評被害は、理解のない消費者の行動に原因があるようにいわれることが多いが、これは間違いである。消費者は安心できないから消費を避けるのであり、それは消費者としては当然の行為である。消費者が安心して購入できるよう十分な情報を提供していない企業・事業者の側に責任がある。風評被害が発生するのは、安全に関する情報提供が不十分で、消費者との信頼関係が確立されていないからである。そのためにも、安心を確保するための日頃からの情報提供が必要であり、コミュニケーションツールとしてのトレーサビリティの役割が重要になってくるのである。

トレーサビリティを事故後のリスク管理の手段としてしか考えていない企業・事業者にとっては、トレーサビリティは費用のかかるものとしての見方しかない。しかし、使い方によっては一端ことが起きたときの、企業存続にかかわる重要な役割を担える仕組みなのである。

参考文献

1) 横山理雄（監修）、松田友義、他（編）：食の安全とトレーサビリティ、幸書房（2004）
2) 松田友義（監修）：食品認証ビジネス論、幸書房（2006）
3) 食品需給研究センター：食品トレーサビリティシステム導入の手引き（食品トレーサビリティガイドライン）(2007)
4) 新山陽子（監修）：解説食品トレーサビリティ、昭和堂（2005）
5) 高山勇：現場から生まれたトレーサビリティシステム、日本工業出版（2006）
6) 梅沢昌太郎：トレーサビリティ食の安心と安全の社会システム、白桃書房（2004）

（松田 友義）

第9章　食品表示の理解のために

9.1　食品表示法の施行までの流れ

2020年4月1日より、それまで表示項目に応じてそれぞれ別々の法律に基づいていたものが「食品表示法」という一つの法律にまとめられた。本章では、この法律にいたるまでの流れと、新しい食品表示の理解のために、何がどのように変ったのかを解説しながらその理解を深める記述とした。

2013年6月28日に消費者の適切な商品選択の機会の確保などを目的とする食品表示法が公布された。それまで食品衛生法、JAS法（農林物資の規格化及び品質表示の適正化に関する法律）、健康増進法の3つの法律により規定されていたことによる制度的な課題を解決し、食品表示制度の充実・強化を実現することを目的とした法律である。本書改定前の段階ではここまでの記述であったが、10年が経過して食品表示法に基づく食品表示基準が2015年4月1日に施行された。生鮮食品に対しての経過措置期間はすでに終了しており、加工食品に対しての経過措置期間は2020年3月31日で終了となった。また、2017年9月には新たな原料原産地表示も義務化されている。食品表示に関係する3法（食品衛生法、JAS法、健康増進法）を一元化する法案が国会で可決された際には、遺伝子組換え表示と食品添加物表示についても見直しを検討することが含まれており、遺伝子組換え表示については10回の検討会が行われて報告書も公表されている。食品添加物についても2019年中検討がされ、表示方法が見直された。こうした流れの中で2020年4月1日より食品表示法が完全実施となった（以下の「食品表示」に関することは、この法律の内容を指す）。本書で触れられるHACCPの制度化を含め食品関連事業者にとっては、より一層の品質管理業務強化が求められている。

食品表示とは、製造・販売する企業がその食品の説明を表示し、消費者に情報を提供するものである。消費者が食品を手に取ったとき、その食品がどのような原材料や食品添加物を使用して、製造された場所がわかりやすく表示されていなければならない。消費者の食に関しての信頼を得るためには、ありのままの情報を正しく伝えることが重要である。そのためには情報提供者である製造者や流通業者が正しい知識を持ち、正確な情報を提供する姿勢が問われる。一方、消費者は提供された情報を正しく読み取るために、食に関する正しい知識を持つことが不可欠となる。

食品表示は、食品表示法でまとめられた食品衛生法、JAS法、健康増進法のほかに、不当景品類および不当表示防止法、計量法、薬機法、酒税法、牛肉トレーサビリティ法など、それぞれ趣旨の違う法律に沿って表示することが定められている（**表9-1**）。食品表示基準では、対象となる食品を一般用加工食品、業務用加工食品、一般用生鮮食品、業務用生鮮食品、食品添加物のカテゴリーに分けている。一般用加工食品と一般用生鮮食品には横断的義務表示事項と個別的義務表示事項が、業務用加工食品と業務用生鮮食品、食品添加物には義務表示事項が定められている。また、学校のバザーで袋詰めのクッキーを販売する保護者や町内会の祭りで瓶詰の手作りジャムを販売する場合なども、食品関連事業者以外の販売者として義務表示事項を定めている。

表9-1　食品の表示に関わる法律とその内容

法律等の名称	元の法律等の名称	表示等の主旨	対象食品	表示する事項
食品表示法（消費者庁）	食品衛生法（厚生労働省）	飲食による衛生上の危害発生の防止	容器包装に入れられた加工食品（一部生鮮品を含む）、鶏卵	・名称、食品添加物、保存方法、消費または賞味期限、製造者氏名と製造所所在地 ・遺伝子組換え食品、アレルギー食品、保健機能食品に関する事項
	JAS法（農林水産省）	品質に関する適正な表示消費者の商品選択に資するための情報表示	一般消費者向けに販売されるすべての生鮮食品、加工食品及び玄米精米	・名称、原材料名、食品添加物、原料原産地名、内容量、消費または賞味期限、保存方法、原産地（輸入品は原産国）名、製造者または販売者（輸入品は輸入者）の名称および住所 ・遺伝子組換え食品、有機食品に関する事項 その他食品分類毎に定められている品質表示基準の事項
	健康増進法（厚生労働省）	健康及び体力の維持、向上に役立てる	販売されている加工食品等で、日本語により栄養表示する場合、いわゆる特殊鶏卵	栄養成分、熱量
健康増進法（厚生労働省）			特別用途食品	商品名、原材料、認可を受けた理由、認可を受けた表示内容、成分分析表および熱量、認可証票、採取方法等
		健康の保持増進の効果について虚偽誇大広告等の禁止	食品として販売に供する物	—
不当景品類及び不当表示防止法（消費者庁・公正取引委員会）		虚偽、誇大な表示の禁止	—	—
計量法（経済産業省）		内容量等の表示	第13条に規定する特定商品	内容量、表記者の名称及び住所
薬機法（厚生労働省）		食品に対する医薬品的な効能効果の表示の禁止	容器包装に入れられた加工食品およびその広告	—
牛肉トレーサビリティ法（農林水産省）		牛海綿状脳症のまん延を防止するため	全ての国産特定牛肉	固体識別番号または荷口番号
米トレーサビリティ法（農林水産省）		米・米加工品の移動記録と情報伝達	米穀、主要食糧、米飯類、米加工品	米の産地

以前の法律で定められている義務表示事項や個別の表示事項について大きな変更はなく、一般用加工食品でも名称、原材料名、内容量、消費期限または賞味期限、保存方法、食品関連事業者等の氏名と所在地を表示することに変わりはない。新たに項目を増やす必要があるのは栄養成分表示である。

9.2　食品表示法における改正のポイント

食品関連事業者が実際に表示についての変更を求められている内容を改正されたポイントとしてあげる（**表9-2**）。このポイントの中でほとんどの食品関連事業者が現状の表示内容を見直す必要があると考えられるのは、表9-2の③ アレルギー表示に係るルールの改善、④ 栄養成分表示の義務化、⑨ 表示レイアウトの改善、⑪ 加工食品の原料原産地表示義務化、である。見直しの結果、現状で不適切な表現がない場合でも食品表示基準に沿った内容でなければ、変更を余儀なくされる。

9.2.1　加工食品と生鮮食品の区分の統一

食品衛生法とJAS法で「製造」と「加工」の定義が一致していなかったことから、食品表示基準が施行される前に加工食品と生鮮食品の区分を明確にした経緯があるが、「製造」と「加工」の定義が統一されたことで、再度、この区分が見直された。「製造」または「加工」が施された食品は加工食品となり、「調整」や「選別」の範囲であれば生鮮食品となる。

具体的にはこれまで加工食品として区分されていた「焼肉セット」、「刺身盛合せ」、「サラダミックス」、「合挽き肉」のうち、「焼肉セット」、「刺身盛合せ」は生鮮食品に区分された。簡単な見分け方は、刺身盛合せのイカのみ、エビのみを分けて食べることはできるが、サラダミックスのキャベツのみ、にんじんのみを分けて食べることは難しい、という区分になる。また、生鮮食品に区分される刺身盛合せの魚介類全てに対して原産国の表示が必要で、加工食品に区分されるサラダミックスでは50％以上となる原材料に対して原料原産

表9-2　改正のポイント

① 加工食品と生鮮食品の区分の統一
② 製造所固有記号の使用に係るルールの改善
③ アレルギー表示に係るルールの改善
④ 栄養成分表示の義務化
⑤ 栄養強調表示に係るルールの改善
⑥ 原材料名表示等に係るルールの変更
⑦ 販売の用に供する添加物の表示に係るルールの改善
⑧ 通知等に規定されている表示ルールのうち、基準に規定するもの
⑨ 表示レイアウトの改善
⑩ 新しいカテゴリー機能性表示食品
⑪ 加工食品の原料原産地表示義務化

地表示が必要である。

9.2.2　製造所固有記号の使用に係るルールの改善

これまで実際に食品を製造している工場が1つであっても、事前に届け出た製造所固有記号（以下、固有記号）を表示することで、表示内容に責任を持つ者として別の者が製造者や販売者として表示することができた。しかし、届け出た固有記号がデータベース化されておらず、不測の事態が発生した際に迅速に食品を製造した工場を特定することができなかった事例があった。この改善対策として新たに固有記号をデータベース化する制度と表示方法についての改正が行われ、同一製品を2つ以上の複数工場で製造する場合でないと固有記号が使用できなくなった。

この改正により、本社の氏名ならびに名称と所在地を食品に表示しているが実際の工場は工場Aである場合や、販売者として表示しているが実際の工場は別の企業Bへ委託している場合などは「製造所」の表示が必要となる。同一敷地内で住居番号が同じ工場Aと工場Bは別工場の扱いとはならないが、同一敷地内でも住居番号が違う工場Aと工場Bは別工場となり、固有記号で表示することができる。

当該食品を製造している工場を明確に表示することで、問合せをしたい場合や不具合が発生した場合、表示されている工場へ連絡を取ることが可能となる。同一製品を別々の複数の工場で製造していて、固有記号で製造工場を表示する場合は、工場や食品に関する問い合わせ先を表示する必要がある。

製品に使用されている原材料や工程が全く同じでも内容量が違えば同一製品とはみなされない。全く同じ製品でもキャンペーン等の特別な表示がされる場合も同一製品とはみなされない。つまり、製造所固有記号以外が全く同じ内容で表示されている容器包装を別の工場でも使用することが可能であれば同一製品となる。この改正でこれまで製造工場が1つで固有記号を用いて表示していた製品に関しては、固有記号の代わりに「製造所」として製造工場の氏名ならびに名称と所在地を別途表示する変更が求められる。また、これまで使用してきた固有記号に関しても新たに届け出が必要で、新たに届け出た固有記号を表示する場合は、その記号の前に「＋」を表示することで以前の法律との区別をしている。

9.2.3　アレルギー表示に係るルールの改善

アレルギーとは、食物を摂取した際に身体が食物に含まれるたんぱく質（以下アレルゲン）を異物と認識し、自分の身体を防御するために過敏な反応を起こすことである。症状は「かゆみ・じんましん」、「唇の腫れ」、「まぶたの腫れ」、「嘔吐」、「咳・喘息」などである。重症な場合は30分以内に口腔内違和感や悪心、嘔吐、意識障害、血圧低下、発疹、心拍数増加などの症状が全身にあらわれ、ショック症状（アナフィラキシーショック）が起こり、死に至る場合もある。また、原因となるアレルゲンはその量や体調により反応も様々である。消費者の健康被害の発生を防止するためと、また安心して食品を選択できるように2001

年4月よりアレルギー物質を含む全ての食品に表示義務が定められた。

これまで代替表記として認められていた原材料名が今後は改めてアレルゲンを表示しなければならないケースがある。例えば、これまでマヨネーズには卵が使用されていることが通常なので、「マヨネーズ」が原材料名欄に表示されていれば、アレルゲンとしての「卵」は改めて表示する必要がなかった。同様の原材料で「うどん」や「パン」に使用されている「小麦」、醤油や豆腐に使用されている「大豆」が代替表記とは認められなくなった[1]。代替表記のリストから外れた原材料名に関しては、アレルゲンの表示漏れが起きていないように見直す必要がある。義務表示品目の卵や小麦のアレルゲン表示が抜けた場合は、安全性に関わる内容であるため回収が必要となり、消費者や社会からの信頼を失うことになる。

表示する方法はこれまでのとおり、含まれる原材料名のすぐ後に表示する個別の方法と、食品添加物を含む全ての原材料を表示した最後にまとめて一括で表示する方法とがある。個別の方法と一括の方法を混在して表示することはできないので、原則、個別で表示することが食品表示基準では明記されている。例外として、一括で表示することができるのは、次の場合になる。

① 個別表示より文字数を減らせる、表示面積に限りがある、一括表示でないと表示が困難な場合。

② キャリーオーバーとして表示を省略している食品添加物に含まれているアレルゲンを表示する場合。

③ 同一の容器包装に食品を複数詰め合せることでアレルゲンを含む食品と他の食品が接触する可能性が高い場合。

④ 弁当などの裏面の表示を確認することが困難な食品で、表面に表示するために表示量を減らしたい場合。

個別で表示する方法では、一度アレルゲンを表示すれば重複して表示する必要はないが、一括で表示する場合は、原材料名、代替表記、拡大表記などですでに表示されているアレルゲンについても、当該商品に含まれるアレルゲンの全てを表示することになる。表現の

表9-3　アレルゲン表示の例

個別の表示例

原材料名	大豆、小麦粉、砂糖、栗、卵黄（卵を含む）／重曹、カゼインNa（乳由来）、着色料（クチナシ）

一括の表示例

原材料名	大豆、小麦粉、砂糖、栗、卵黄／重曹、カゼインNa、着色料（クチナシ）、（一部に小麦・卵・乳成分・大豆を含む）

変更点として以前の法律と区別するために、「原材料の一部に小麦、乳成分を含む」ではなく「一部に小麦・乳成分を含む」と表示する必要がある。アレルゲンの表示方法の改正により、現在すでに流通していて表示内容に問題がないものでも、一度見直す必要性がある（**表 9-3**）。

9.2.4　栄養成分表示の義務化

食品表示基準ではこれまで任意表示だった栄養成分表示が義務化されている。業務用を除いた全ての一般用加工食品および容器包装に入った食品添加物は、栄養成分を表示しなければならない。表示する項目は、熱量、たんぱく質、脂質、炭水化物、ナトリウムの 5 項目で、ナトリウムは消費者にとってわかりやすい食塩相当量に換算して表示する。

縦書きでも横書きでも表示することはできるが、前出の 5 項目の順で表示することが定められており、表示順は変更ができない。食品表示基準で定められている栄養成分は前出の 4 成分とミネラル 12 種とビタミン 13 種で（**表 9-4**）、それ以外の成分は栄養成分表示とは分けて表示する。

ナトリウム塩を添加していない食品はナトリウムの値を表示することもできるが、ナトリウムの次に括弧書きで食塩相当量を表示することになる。表示される値は定められている許容差の範囲を超えてはいけないが、栄養成分を強調表示する場合や栄養機能食品、機能性表示食品、特定保健用食品を除けば、合理的な推定により得られた値を「推定値です。」「この表示値は目安です。」という文言と一緒に表示することで、許容差の範囲を超えても表示違反にはならない。

表 9-4　食品表示基準で定められた栄養成分と熱量

熱量
たんぱく質
脂質 飽和脂肪酸 n-3 系脂肪酸 n-6 系脂肪酸 **コレステロール**
炭水化物 糖質 糖類（単糖類または二糖類であって糖アルコールでないもの） 食物繊維
ミネラル類 亜鉛、カリウム、カルシウム、クロム、セレン、鉄、銅、ナトリウム、マグネシウム、マンガン、モリブデン、ヨウ素、リン
ビタミン類 ナイアシン、パントテン酸、ビオチン、ビタミン A、ビタミン B_1、ビタミン B_2、ビタミン B_6、ビタミン B_{12}、ビタミン C、ビタミン D、ビタミン E、ビタミン K、葉酸

これは、分析機関で費用をかけて栄養成分を分析しなくても栄養成分値を表示できるようにするための措置ではあるが、推定した際の根拠資料は事業者が保管しておく必要がある。表示する単位は、100g当たり、100mL当たり、1包装当たり、1食当たりなどで表示するが、1食当たりの単位で表示した場合はその重量（g、mL、または個数など）を併記することが求められる。

9.2.5　栄養強調表示に係るルールの改善

栄養成分について「含まれている」、「補給ができる」、「たっぷり」、「豊富」、「低○○」、「○○オフ」、「○○ひかえめ」などと表示する場合は、強調表示に該当し、その基準値が定められている。すなわち、基準を満たさないものは、栄養成分についての強調表示ができない。商品の表示内容に栄養成分についての強調表示を考える場合は、まず、基準値を確認する必要がある。基準値については「栄養表示基準に基づく栄養成分表示」を参考にされたい[5)]。他の食品と比べて栄養成分量や熱量が強化された、または低減された旨を表示する場合についても前に示した基準値を満たすことが条件である。比較対象食品名「自社従来品○○」、「○○標準品」と増加（低減）量または割合は、強化（低減）された旨の表示と近接した場所に表示する必要がある（**表9-5**）。

これまでの強調表示より条件が厳しく制限されるのは「糖類無添加」や「砂糖不使用」、「食塩無添加」の表現である。糖が使用されていない（「糖類無添加」）旨を強調して表示する場合は、

① ショ糖、ぶどう糖、ハチミツ、コーンシロップなどのいかなる糖類も添加されていないこと。

② 糖類（添加されたものに限る）に代わる原材料（ジャム、ゼリー、甘味の付いたチョコレート、非還元濃縮果汁、乾燥果実ペーストなど）または食品添加物を使用していないこと。

③ 酵素分解その他何らかの方法により、当該食品の糖類含有量が原材料および食品添加物に含まれていた量を超えていないこと。

表9-5　栄養成分強調表示の分類

強調表示の種類	高い旨	含む旨	強化された旨	含まない旨	低い旨	低減された旨	無添加強調表示
	絶対表示		相対表示	絶対表示		相対表示	
表現例	高～	～含有	～30％アップ	無～	低～	～30％カット	～無添加
	～豊富	～源	～2倍	～ゼロ	～控えめ	～10 gオフ	～不使用
	～たっぷり	～入り		ノン～	～ライト	～ハーフ	
該当する栄養成分等	たんぱく質、食物繊維、亜鉛、カリウム、カルシウム、鉄、銅、マグネシウム、ナイアシン、パントテン酸、ビオチン、ビタミンA、ビタミンB_1、ビタミンB_2、ビタミンB_6、ビタミンB_{12}、ビタミンC、ビタミンD、ビタミンE、ビタミンK、葉酸			熱量、脂質、飽和脂肪酸、コレステロール、糖類、ナトリウム			糖類、ナトリウム塩

④ 当該食品の100gもしくは100mLまたは1食分、1包装その他の1単位当たりの糖類の含有量を表示していること。

以上が必要条件である。

また、ナトリウム塩を添加していない旨を強調して表示する場合は、

① いかなるナトリウム塩も添加されていないこと（塩化ナトリウム、リン酸三ナトリウムなど）。ただし、食塩以外のナトリウム塩を技術的目的で添加する場合（重曹などの呈味成分ではないナトリウム塩が含まれている場合）であって、当該食品に含まれるナトリウムの量が強調表示をする場合の低い旨の基準値以下である時はこの限りでない。

② ナトリウム塩（添加されたものに限る）に代わる原材料（ウスターソース、ピクルス、醤油、塩蔵魚、フィッシュソースなど）または食品添加物を使用していないこと

が条件となる。

9.2.6 原材料名表示等に係るルールの変更

原材料名の表示は大きく分けて3つの変更がある。

1つはパン類、食用植物油脂、ドレッシングおよびドレッシングタイプ調味料、風味調味料の原材料名欄の表示に関連するルールの変更である。これまで個別の品質表示基準により、他の加工食品とは違って食品添加物とそれ以外の原材料を区分する必要がなかった食品群に対しても、食品表示基準では表示方法が統一された。したがって、これらの食品群に関しては表示内容の変更が余儀なくされる。

2つ目はプレスハム、混合プレスハムについての変更である。これまで、原材料名中に表示されてきた「でん粉含有率」が、ソーセージ、混合ソーセージと同様に「でん粉含有率」の事項名を設けて表示することになった。

3つ目は複合原材料の表示方法についての変更で、複合原材料を使用した全ての加工食品が対象となる。2つ以上の原材料からなる複合原材料は、複合原材料の名称の後ろに括弧を付して複合原材料を構成する原材料を多いものから順に表示する。例えば、卵や油脂やその他の原材料からなるマヨネーズの場合では、「マヨネーズ（食用植物油脂、卵黄（卵を含む）、醸造酢、香辛料、食塩、砂糖）」と表示する。また、構成原材料のうち重量の多い原材料の3番目以降で、マヨネーズに占める割合が5%未満の原材料を「その他」と表示することもできる。仮に、醸造酢のマヨネーズに占める割合が7%、香辛料が3%、食塩が2%、砂糖が1%とすると、「マヨネーズ（食用植物油脂、卵黄（卵を含む）、醸造酢、その他）」と表示することができる。その他、マヨネーズ自体が製品に占める割合が5%未満の場合や、「マヨネーズ」という原材料名でその構成原材料が明らかな場合は、「マヨネーズ」のみで表示することも可能である。複合原材料の名称からその構成原材料が明らかな場合、つまりその構成原材料を容易に想像できる複合原材料名には、他に「鶏の唐揚げ」や「ひじきの煮物」などがある。逆に「唐揚げ」や「煮物」では構成原材料が明らかではないので、複

合原材料を構成する原材料を表示する必要がある。

今回の改正でもう 1 点明確にされているのが単に混合されたものなど、原材料の性状に大きな変化がない複合原材料を分解して表示する方法である。これまでは、業界の慣例などで分解して表示されていた複合原材料もあるが、食品表示基準では複合原材料を分解して表示する場合の条件が明確にされている。

条件 1 ―（中間加工原材料を使用した場合であって、）消費者がその内容を理解できない複合原材料の名称の場合。

条件 2 ―（中間加工原材料を使用した場合であって、）複数の原材料を単に混合（合成したものは除く。）したのみなど、消費者に対して中間加工原材料に関する情報を提供するメリットが少ないと考えられる場合。

などでは総合的に判断して分解表示をすることになる。合成されていて、すでに別の原材料となっているものは分解して表示することはできない。また、分解して表示することで、他の食品より優良だと誤認されるような場合も分解表示はできない。

9.2.7　販売の用に供する食品添加物の表示に係るルールの改善

一般消費者用の食品添加物を製造、販売する事業者にも食品表示基準が適用される。これまで食品添加物は食品衛生法のみが準拠法であったが、これからは、食品表示基準に沿った表示も必要になる。すなわち、食品衛生法で表示が定められていた、「名称」、「食品添加物である旨」、「保存方法」、「消費期限または賞味期限」、「製造所の氏名または名称と所在地」に加えて、「内容量」、「栄養成分の表示」が必要になる。また、一般用加工食品と同様に食品関連事業者の氏名または名称と所在地を表示することになる。もちろん、製造所と食品関連事業者が同一であれば、「製造者」「加工者」「輸入者」のいずれかの事項名で表示することができる。

業務用の食品添加物を製造、販売する場合も、食品関連事業者の氏名または名称と所在地を表示することになっている。ただし、業務用の場合は送り状や納品書、規格書などを使用して情報伝達することもできる。

9.2.8　通知等に規定されている表示ルールのうち、基準に規定するもの

特に安全性に係る事項として通知などで定められていたルールのうち、食品表示基準に含まれたものがある。フグ食中毒対策の表示とボツリヌス食中毒対策の表示である。フグを原材料とするフグ加工品では、ロットが特定できるもの、原料フグの種類、漁獲水域名を表示する。みがきフグ、その切り身、精巣、皮で生食用でないものには、フグ加工品の表示事項に加えて、「処理年月日」、「処理事業者の氏名または名称と所在地」を表示する。

また、ボツリヌス食中毒対策の表示としては、清涼飲料水、食肉製品、鯨肉製品および魚肉練り製品を除いた容器包装に密封された常温で流通する食品に対して基準が定められている。すなわち、製品の pH 4.6 を超え、かつ、水分活性 0.94 を超え、かつ、その中心

部の温度を120℃で4分に満たない条件で加熱殺菌されたものであって、ボツリヌス菌を原因とする食中毒の発生を防止するために10℃以下での保存を要するものには「要冷蔵である旨」を表示する[2)]。

9.2.9 表示レイアウトの改善

表示レイアウトの改善に係る変更は、ほとんどの事業者が表示内容の変更を余儀なくされる箇所も含まれている。これまでも原材料名欄の表示方法は、食品添加物とそうでない原材料を区分してそれぞれの多い物から順に表示するルールではあったが、食品表示基準では「明確に区分」という文言になっている。これまで食品添加物とそれ以外の原材料の間は原材料名と原材料名の間と同じ読点で表示されていたため、原材料と食品添加物の区別が不明確であった。今回の改正で、この区分を明確にする必要があり、「／」（スラッシュ）などの記号や、改行、原材料名欄と同様に食品添加物の事項名を設けて表示することになる。この改正は消費者にとって、わかりやすくなった点である（**表9-6**）。

アレルゲン表示との兼ね合いで、食品添加物の事項名を設けて原材料と区分して表示する場合は特に注意が必要となる。アレルゲンを一括でまとめて表示する場合は、原材料名欄、食品添加物の各々に含まれるアレルゲンを原材料名の最後と食品添加物の最後に表示することとなる。事業者はアレルゲン表示の見直しをする際にアレルゲンの表示漏れが起きないように注意する必要がある。

その他、表示可能面積が30cm^{2}以下の場合は省略することができた「保存方法」、「消費期限または賞味期限」、「アレルゲン」、「L－フェニルアラニン化合物を含む旨」は表示を省略することができなくなった。また、これまで食品を製造した場所、もしくは加工した場所で販売されるインストア加工のものや、不特定多数もしくは多数の者に対して試供

表9-6 原材料と食品添加物の区分

スラッシュで区分

原材料名	大豆、小麦粉、砂糖、栗、卵黄（卵を含む）／重曹、カゼインNa（乳由来）、着色料（クチナシ）

改行で区分

原材料名	大豆、小麦粉、砂糖、栗、卵黄（卵を含む） 重曹、カゼインNa（乳由来）、着色料（クチナシ）

線で区分

原材料名	大豆、小麦粉、砂糖、栗、卵黄（卵を含む） ----- 重曹、カゼインNa（乳由来）、着色料（クチナシ）

事項名で区分

原材料名	大豆、小麦粉、砂糖、栗、卵黄（卵を含む）
添加物	重曹、カゼインNa（乳由来）、着色料（クチナシ）

品などを譲渡する場合または食品関連事業者以外の販売者が容器包装入りの加工食品を販売する場合、省略が可能であった製造者や加工者の氏名または名称と所在地は省略することができなくなった。

9.2.10　新しいカテゴリー「機能性表示食品」

食品表示基準では機能性表示食品という新しいカテゴリーが設定されている。これまでの健康増進法で定められている保健機能食品は、消費者庁が安全性や有効性などを考慮して設定した規格基準などを満たした食品のことで、食品の目的や機能などの違いにより「特定保健用食品」と「栄養機能食品」に分類されている。

特定保健用食品は、血圧や血中コレステロールの正常値保持や整腸作用などといった体の生理学的機能に影響を与える保健機能成分を含んでいる食品で、その機能成分については基準値やその機能表示の内容についても定められている。また、消費者庁長官への届出が必要である。

栄養機能食品は、必要な栄養成分を摂ることができない場合などに、栄養成分の補給・補完のために利用することを目的とした食品である。関与成分は消費者庁長官が定めた基準に適合し、特定保健用食品と同様にその機能表示の内容についても定められているが、消費者庁長官に対する許可申請や届出が不要なため、消費者庁長官による個別審査を受けたものではない旨を表示する必要がある。

食品表示基準で保健機能食品に追加された「機能性表示食品」は、疾病に罹患していない人を対象として、健康の維持と増進に資する特定の保健の目的が期待できる旨を科学的根拠に基づいて表示する食品である。その科学的根拠は事業者が自らの試験結果や一般に公開されている研究結果から根拠立てる必要がある。販売する60日前に消費者庁長官へ届出されている必要があり、届け出た根拠となる情報は検索することが可能である[3]。機能性を表示できる成分は栄養成分以外の成分となり、食物繊維を含んでいる難消化性デキストリンでは「糖の吸収をおだやかにするため、食後の血中中性脂肪や血糖値の上昇をおだやかにすることが報告されています。」といった機能性を表示することができる。もちろん安全性の確保が前提となっていて、その上で、科学的根拠に基づいた機能性を事業者の責任で表示するものである。科学的根拠の収集方法によって、表示する文言が違うこともこれまでの保健機能食品と違う点である。最終製品を用いた臨床試験の結果から科学的根拠が示される場合は、「○○の機能があります。」と表示ができる。最終製品または機能性関与成分に関する文献調査（研究レビュー）によって科学的根拠が表示される場合は、「○○の機能があると報告されています。」と表示することになる。

一般用加工食品に加えて表示が必要な項目が多数あり、商品の開発時にはパッケージデザインなどについてもかなり工夫が必要となる。機能性表示食品である旨、届出番号、科学的根拠を有する機能性関与成分と届け出たその機能性、1日当たりの摂取目安量と機能性関与成分の含有量、摂取の方法、摂取をする上での注意事項、食品関連事業者の電話番号、機能性および安全性について国による評価を受けたものではない旨、バランスの取れた食生活の普及啓発を図る文言、疾病の診断・治療・予防を目的としたものではない旨、疾病に罹患している者・未成年者・妊産婦（妊娠を計画している者を含む）および授乳婦に対し訴求したものではない旨、疾病に罹患している者は医師、医薬品を服用している者は医師・薬剤師に相談した上で摂取すべき旨、体調に異変を感じた際は速やかに摂取を中止し医師に相談すべき旨、等の表示項目を全て表示しながら、他の製品との差別化を図ろうとするのはかなり工夫が必要である[4)]。

また、届け出た機能性関与成分以外の成分を強調して表示することもできない。事業者自らの責任で機能性を科学的根拠に基づいて示さなければいけない機能性表示食品であるが、届け出た後にその根拠について、他者から評価されたことが原因で届出を取り下げることになった商品もあるので、機能性についての科学的な根拠立ては慎重に行う必要がある。

9.2.11　加工食品の原料原産地表示義務化とトレーサビリティ

これまでも段階的に一部の加工食品に対して原料原産地表示が義務づけられてきたが、食品表示基準が施行された 2015 年 4 月から 2 年半年後の 2017 年 9 月に全ての加工食品に対して原料原産地表示が義務づけられた。JAS 法の個別品質表示基準で原料の原産地表示が義務づけられていたのは、農産物漬物、野菜冷凍食品、うなぎ加工品、かつお削りぶしの 4 品目である。その後、加工度の低い生鮮食品に近い加工食品 22 品目について 50％以上を占める生鮮原材料に対して原料原産地表示が義務づけられた。

原料原産地名は、国産品においては「国産」、「日本」などと国産である旨を、輸入品においては「原産国名」を表示する。表示する方法は、

① 一括表示の枠内（原材料名欄の次）に「原料原産地名」を表示する。

② ①が困難な場合に、原料原産地名の欄に具体的に記載箇所を指定して一括表示枠外に表示する。

③ 原材料名の次に括弧を付す。

の 3 通りある。これらの個別の品質表示基準で定められている原料原産地表示と、生鮮食品に近い加工食品 22 品目の原料原産地表示のルールに該当しない加工食品は、一番多い原材料に対して原料原産地名を表示することが義務づけられた。

新しい原料原産地表示制度では、対象となる原材料が生鮮原材料か加工原材料かによって表示方法が違うのが大きな特徴である。生鮮原材料の場合はその原材料の「原産国」を表示し、加工原材料の場合はその原材料が製造された「製造国」を表示する。その「原産国」や「製造国」が複数存在する場合は、国別重量順で「原産国」や「製造国」を表示することになる。また、その「原産国」や「製造国」が 3 カ国以上ある場合は、以前のルールと

同様に3カ国目以降を「その他」と表示することができる。表示する場所は当該原材料名の後ろに括弧を付して表示することや、原料原産地名の事項を設けて表示することができる。いわゆる一括表示枠内に表示することが困難な場合は、原料原産地名の欄に記載箇所を表示した上で、別の場所に表示することもできる（**表9-7**）。

表9-7　原料原産地表示の例

原材料名欄で表示する例

原材料名	豚肉（アメリカ）、鶏肉、…

原料原産地名の事項名で表示する例

原材料名	豚肉、鶏肉、…
原料原産地名	アメリカ（豚肉）

枠外で表示する例

原材料名	豚肉、鶏肉、…
原料原産地名	枠外の下部に記載

原料豚肉の原産地：アメリカ

原料事情によっては原産国に変更がある場合や、国別の重量順に変更がある場合も考えられる。このように国別重量順表示が困難と思われる場合は、「又は表示」、「大括り表示」、「大括り＋又は表示」という方法で表示することもできる。「又は表示」とは、使用予定の原産国を「又は」でつないで表示する方法である。「A国又はB国」と表示した場合は、4パターンの原産国の原材料を使用していることが想定される。すなわち、A国のみ、B国のみ、A国とB国、B国とA国の4パターンとなり、表示順は一定期間の使用割合からみた重量割合の多いものから表示することになる。併せて、その旨を「○○の産地は、一昨年の使用実績順」などと表示する。「又は表示」の注意点は、一定期間の使用割合が「5%未満」の原産国名の後ろに括弧を付して「5%未満」である旨を表示しなければならない。「大括り表示」では、使用する原産国が外国で、かつ、3カ国以上となる場合にまとめて「輸入」と表示することができる。つまり、当該原材料の原産国が、A国、B国、C国、D国と全て外国であれば4カ国をまとめて「輸入」や「外国産」、「外国」などと表示することができる。また、日本以外のすべての国より狭い範囲で、一般的に知られている地域名、「EU」、「アフリカ」、「南米」などの表示も可能である。「大括り表示＋又は表示」は、前述の2つの表示方法を合わせた表示方法となる。どの方法で表示すれば良いかは、農林水産省のホームページに掲載されている「新しい原料原産地表示制度－事業者向け活用マニュアル－」のフローチャート[5]を使用されることをお薦めする。

当然ながら使用される原材料の産地や製造者を把握している必要はあるが、原料原産地表示の対象となる原材料については、表示する原産国や製造国の根拠資料を保管しておく必要がある。その製品の賞味期限や消費期限に加えて1年間（期限表示を省略しているものは製造してから5年間）は、文書もしくは電子媒体で保管することが求められている。「又は表示」や「大括り表示」で原料原産地を表示する場合は、既に流通している商品では使用実績、これから販売する商品では使用計画からその原材料の傾向を判断して「原産国」や「製造国」を表示することになる。それらはいずれも過去3年間のうちの任意の1年以上の実績や、製造開始日から1年以内の使用計画を作成することが求められている。表示されている原料の原産地がこの根拠資料で担保されていることが重要である。つまり、使用原材料についてはトレースバック、インターナルトレース、そしてトレースフォワードができるトレーサビリティが必要ということである。

トレーサビリティは、産地から食卓に至る食品の移動を明らかにすることを通して、消費者に安心を提供するための仕組みである。その表示されている原材料の原産地が根拠もなく、あいまいに表示されていては消費者に安心を提供するどころか、不安や不信感を与えかねない。

現在、法律として定められているのは、「牛・牛肉トレーサビリティ法（牛肉の個体識別のための情報の管理及び伝達に関する特別措置法）[6]と、米・加工品トレーサビリティ法（米穀等の取引等に係る情報の記録及び情報の伝達に関する法律）[7]であるが、食品衛生法の中でも食品全般の仕入れ元および出荷・販売先等に係る記録の作成・保存のトレーサビリティを食品事業者の努力義務としている。

また、トレーサビリティ導入の目的として、情報の信頼性の向上の他に、食品の安全確保への寄与、業務の効率性の向上への寄与があげられている。食品事故や不適合が生じた場合に、製品の絞り込みや販売先を迅速に特定することや原材料の移動を記録することで在庫管理などを効率的に行うことが可能となり、費用の節減や品質向上の効果が期待できるとされている。食品のトレーサビリティに関しては、農林水産省のホームページに、総論から業種別の各実践マニュアルが掲載されているので参考にしていただきたい[8]。

9.3　遺伝子組換え表示の改正

2001年3月から「食品衛生法施行規則及び乳及び乳製品の成分規格等に関する省令の一部を改正する省令」（平成13年厚生労働省令第23号）、「乳を原料とする加工食品に係る表示の基準を定める件」（平成13年厚生労働省告示第71号）により遺伝子組換え食品についての表示が実施されている。表示対象物は2013年にパパイヤが追加されて現在のところ大豆、とうもろこし、じゃがいも、菜種、綿、アルファルファ、てん菜の8農産物と、これらを原料とした加工食品である。表示義務があるのは「遺伝子組換えである場合」と「遺伝子組換えが不分別である場合」であり、小売店などの表示で見かける「遺伝子組換えではない」は任意表示である。また、対象農産物とこれらを原料とした食品全てに表示義務があるわけではなく、加工食品の場合は、主な原材料（原材料に占める重量の割合が上位3位までで、かつ、重量の割合が5%以上のもの）については表示義務が発生する。

任意表示となっている「遺伝子組換えでない」についての改正も2017年4月から2018年3月までで10回検討会が開催され、消費者庁ホームページで報告書が公表されている[9]。現在、「遺伝子組換えでない」と表示ができる場合でも、大豆とトウモロコシに関しては意図せざる混入率が5%まで認められているが、この5%という混入率に関して、他国の混入率と実際に分析が可能な数値とを鑑みて具体的な数値を定められることになった。5%未満とこれから定められる混入率○%との間に関しての表示方法が変わる。新しい混入率○%より少ないことが確認できているものは、これまで通り「遺伝子組み換えでない。」の表示は可能である。しかし、混入率が5%未満であるが、新しい混入率○%より少ないことは確認できない、もしくは○%より多い場合は、「遺伝子組換え原料の混入を防ぐため分別管理が行われたもの。」などと表示することが2022年4月からの施行が予定されているため、現在、「遺伝子組換えでない」と任意表示をされている事業者は遺伝子組換え表示についても見直しが必要であろう。

9.4　食品添加物の表示方法見直し

食品表示法が施行されるタイミングで、もう1つ表示方法について見直しの検討をすることが定められたのは、食品添加物の表示方法である。これに関しては、2019年4月からの1年間で、見直し方法が検討されることとなっている。いずれ明らかになると思われるが、課題とされているのは、他国と比較すると多い「一括名」（14種）表示に関することのようである。ただし、「一括名」でまとめて表示しているものを、全て食品添加物の物質名で表示することが見やすいことなのか、という論点が想定される。いずれにせよ、遺伝子組換え表示に引き続いて何らかの改正が行われる可能性があるので、表示についてはその時点での法律を確認する必要がある。

9.5　食品関連事業者に求められること

2020年4月1日に完全実施された食品表示法で改正された食品表示に関する内容は、これまでの一部改正とは別次元のものである。大きな改正のため、2015年の法律の公布から経過措置期間を5年と設定したものもあるが、その後、段階的に2年、1年と改正される内容があることも事実である。また、これから改正内容が明らかにされる遺伝子組換え表示や食品添加物表示については、改正の内容をよく理解し、表示内容に間違いがないように、また、可能な限り消費者にとってわかりやすい方法で大切な商品の情報を提供していただきたい。

参考文献

1) 消費者庁HP　食品表示基準について　別添　アレルゲン関係
別表3　特定原材料等の代替表記等方法リスト
（https://www.caa.go.jp/policies/policy/food_labeling/food_labeling_act/pdf/food_labeling_act_180921_0005.pdf）
2) 消費者庁HP　食品表示基準　別表第19
（http://www.fukushihoken.metro.tokyo.jp/shokuhin/hyouji/files_beppyou/beppyou19.pdf）、
消費者庁HP　食品表示基準　別表第24
（http://www.fukushihoken.metro.tokyo.jp/shokuhin/hyouji/files_beppyou/beppyou24.pdf）
3) 機能性表示食品の届出情報検索
（https://www.fld.caa.go.jp/caaks/cssc01/）
4) 「機能性表示食品」って何？
（https://www.caa.go.jp/policies/policy/food_labeling/about_foods_with_function_claims/pdf/150810_1.pdf）
5) 新しい原料原産地表示制度－事業者向け活用マニュアル－
（http://www.maff.go.jp/j/syouan/hyoji/attach/pdf/gengen_hyoji-14.pdf）
6) 農林水産省HP　牛・牛肉のトレーサビリティ
（http://www.maff.go.jp/j/syouan/tikusui/trace/index.html）
7) 農林水産省HP　米トレーサビリティ法の概要
（http://www.maff.go.jp/j/syouan/keikaku/kome_toresa/index.html）
8) 農林水産省HP　トレーサビリティ関係
（http://www.maff.go.jp/j/syouan/seisaku/trace/index.html）
9) 消費者庁HP　遺伝子組換え表示制度に関する検討会
（https://www.caa.go.jp/policies/policy/food_labeling/other/review_meeting_010/）

（角　弓子）

第10章　リスクアナリシスとコンプライアンス

[Ⅰ]　我が国の食の安全を確保するための仕組み

Ⅰ-10.1　リスクアナリシス（リスク分析）

Ⅰ-10.1.1　リスクアナリシス（リスク分析）の考え方

近年、食品の生産から消費までの過程（フードチェーン）は広域化、国際化、多様化、分業化が進み、質・量ともに豊かな食生活を享受できる時代となっているが、同時に食の安全に関して消費者の不安が増大している。

このような背景を食品事業者およびその従事者は十分に認識し、自らが関わる食品事業に於いて、自らの事業により産する食品がどのように安全を担保しているか、ということを説明する責務を負っていることを強く自覚すべきである。

そのためには、そもそもの食の安全を確保するための我が国の仕組みについて理解することが重要であり、様々な基準や規格がいかに定められ、そして管理がなされているのかということを、食に関わる事業者およびその従事者が消費者に対し十分に説明できるように理解している必要がある。では、我が国の食の安全を守るための仕組みについて解説していきたいと思う。

我が国の食の安全を守る仕組みという言葉だけを聞くと、HACCPやISO22000等の食品安全のマネジメントシステムを連想する者が多いと思うが、これらのマネジメントシステムはあくまで公に定められたルールを守ることにより、安全を確保するためのものである。本項では、その根拠になる公に定めるルールがいかに作られているか解説する。

現在、我が国における食品の安全性に係る基準等は、リスクアナリシス（リスク分析）という考え方に基づき定められている。これは、食品中に含まれる、または含まれる恐れのある化学物質や生物類（微生物、寄生虫等）等の様々な物（以下、「危害要因」とする）について、それを人が摂取することにより健康に悪影響を及ぼす可能性がある場合に、その確率と影響の程度（以下、「リスク」とする）を低減するという考え方である。

ここで、注意しなければならないのが、多くの消費者はこのようなリスクは完全に排除されることを期待しているということである。しかしながら、リスクが全くない食品は存在せず、どのような食品にも高低の差こそあれリスクは存在しており、健康に影響が出る

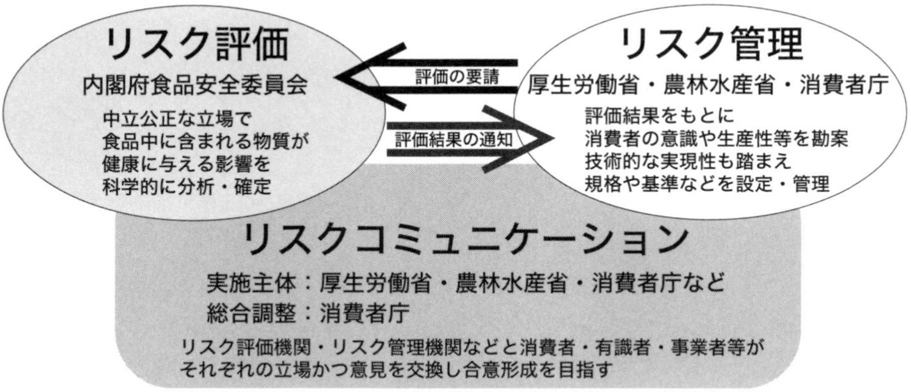

リスク評価
内閣府食品安全委員会
中立公正な立場で
食品中に含まれる物質が
健康に与える影響を
科学的に分析・確定

評価の要請
評価結果の通知

リスク管理
厚生労働省・農林水産省・消費者庁
評価結果をもとに
消費者の意識や生産性等を勘案
技術的な実現性も踏まえ
規格や基準などを設定・管理

リスクコミュニケーション
実施主体：厚生労働省・農林水産省・消費者庁など
総合調整：消費者庁
リスク評価機関・リスク管理機関などと消費者・有識者・事業者等が
それぞれの立場かつ意見を交換し合意形成を目指す

図 10-1　リスクアナリシス

か否かはその摂取量（人体が暴露を受ける量）に依存するということ、安全すなわちリスクゼロではなく許容できる範囲の量であるということを食品に関わるものは理解し消費者に説明できなければならない。

リスクアナリシスでは、危害要因のリスクを科学的に評価（リスク評価）し、許容できる範囲を設定し基準等を制定（リスク管理）している。また、加えてこれら管理基準等ついて消費者、行政（リスク管理機関、リスク評価機関）、食品事業者、専門家（研究者、研究･教育機関、医療機関など）等が意見交換を行い、相互の合意形成（リスクコミュニケーション）を図りリスク管理やリスク評価の有効性を高めている。（**図 10-1** 参照）

Ⅰ-10.1.2　リスクアナリシスを構成する要素

リスクアナリシスを構成する3要素については前項でも概略について触れたが、リスク評価、リスク管理、リスクコミュニケーションで構成されている。

1)　リスク評価

食品安全分野におけるリスク評価とは、食品安全基本法の中で「食品健康影響評価」として規定されており、「ハザードの特定」、「ハザードの特性評価」、「暴露量評価」および「リスクの判定」の4つの過程を踏むこととされている。これは食品中に含まれる危害を起こす恐れのある物質について、それを摂取することにより生じる人の健康への影響を、平時における平均的な年間の摂取量などを考慮しつつ科学的に評価することであり、単に物質の毒性が高い低いということを検討するものではない。

例えば、同じ物質であっても対象となる食品により許容されるレベルが異なる評価となることや、国により評価が分かれる場合や、対象となるものの年齢により評価が異なる場合がある。

2)　リスク管理

リスク管理とは関係者間のリスクコミュニケーションを行ったうえで、技術的な実行可能性、費用対効果、リスク評価結果等の様々な事項を考慮し、リスクを低減するために適切な規格や基準の設定、低減対策の策定・普及啓発等を科学的な妥当性をもって検討・実施することを言い、リスク管理の初期作業、リスク管理の選択肢の評価、決定された政策や措置の実施およびモニタリングと見直しを行うこととされている。

3)　リスクコミュニケーション

リスクコミュニケーションとは、リスクアナリシスの考え方の中で、リスクやリスクに関連する要因などについて、食品に関する製品やサービスを享受する消費者、国や地方公共団体等の行政機関、食品関係事業者および研究者、研究・教育機関、医療機関といった関係者がそれぞれの立場から相互に情報や意見の交換を行い課題となるリスクの特性やその影響についての理解を進め相互理解による信頼を構築と合意形成を図ることによりリスク管理やリスク評価を有効に機能させるものである。

リスクコミュニケーションの目的は、国民が、ものごとの決定に関係者として関わるべきという考えに基づき、特定の立場の者が異なる意見を有する者を説得するものであってはならず、対話と共考を重ねることによる互いの立場を理解し合意を形成するという性格のものである。

Ⅰ-10.2　リスクアナリシスにおける国の行政機関の役割

一般に多くの人が食の安全という言葉を聞くと厚生労働省を思い浮かべる。確かに、地域の保健所から地方公共団体の食品主管課、そして厚生労働省というラインは、多くの人が認識する食の安全を守るための行政システムである。

しかし、リスクアナリシスという考え方の中では、食の安全は管理だけでなく、管理するための科学的な評価や、関係者間のリスクコミュニケーションなど多くの要素が噛み合って成り立っており、その役割に応じて複数の省庁が関係している。本項ではその代表的な省庁として、内閣府食品安全委員会、厚生労働省、農林水産省および消費者庁が担う役割について解説する。

Ⅰ-10.2.1　内閣府食品安全委員会

食品中の危害要因のリスク評価として、食品安全基本法において規定されている食品健康影響評価を実施する機関である。科学的知見に基づいて化学物質や微生物等の要因ごとに、有害な要因が健康に及ぼす悪影響の発生確率と程度を客観的かつ中立公正に評価している。このリスク評価の結果に基づき、食品の安全性の確保のために講ずべき施策について、内閣総理大臣を通じて関係各大臣に勧告を行う役割を担っている。

また、リスク評価の内容等に関して、消費者、食品関連事業者など関係者相互間における幅広い情報や意見の交換実施をし、合意形成を行うためにリスクコミュニケーションを実施している。(**図 10-2** 参照)

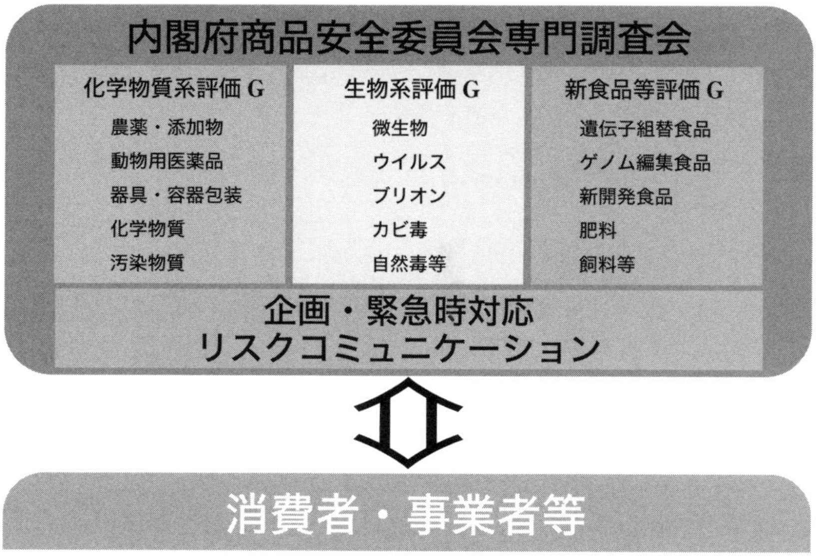

内閣府商品安全委員会専門調査会

化学物質系評価 G	生物系評価 G	新食品等評価 G
農薬・添加物	微生物	遺伝子組替食品
動物用医薬品	ウイルス	ゲノム編集食品
器具・容器包装	プリオン	新開発食品
化学物質	カビ毒	肥料
汚染物質	自然毒等	飼料等

企画・緊急時対応
リスクコミュニケーション

消費者・事業者等

図 10-2　食品安全委員会

Ⅰ-10.2.2　厚生労働省

リスク評価の結果に基づき食品の安全性を確保するために 3 つのことを行っている。

① 食品衛生法に基づき食品、食品添加物、器具、容器包装等の規格基準の設定を行う。

② 食品の製造や販売に関する衛生管理および営業許可などに関連する基準の設定等を行う。

③ 設定する規格基準について消費者、食品関連事業者など関係者相互間における幅広い情報や意見の交換実施をし、合意形成を行うためにリスクコミュニケーションを実施している。

また、と畜場法、食鳥検査法に基づく食肉および食鳥肉の検査制度等の関連規制を実施するほか、国内における営業者への監視指導や営業の許可、禁停止、食品の検査等は地方公共団体の保健所を通じて実施、輸入食品については全国の検疫所が管理を実施している。(**図 10-3** 参照)

Ⅰ-10.2.3　農林水産省

「農林水産省および厚生労働省における食品の安全性に関するリスク管理の標準手順書」に従い、調査対象とする有害化学物質や有害微生物の選定をし、食品供給行程におけるそれらの汚染実態調査、ならびに農林水産物等への含有量を推定し、健康影響リスクの評価と管理基準を設定する等の対策を実施している。

また、設定した対策等に関して、消費者、農林水産事業者など関係者相互間における幅広い情報や意見を交換実施し、合意形成を行うためにリスクコミュニケーションを実施している。(**図 10-4** 参照)

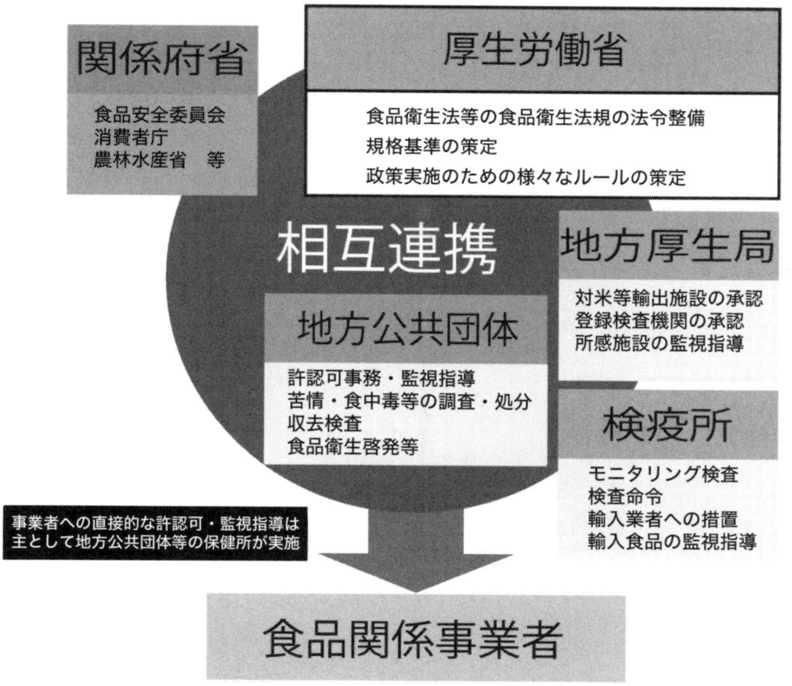

関係府省
食品安全委員会
消費者庁
農林水産省　等
厚生労働省
食品衛生法等の食品衛生法規の法令整備
規格基準の策定
政策実施のための様々なルールの策定
相互連携
地方厚生局
対米等輸出施設の承認
登録検査機関の承認
所感施設の監視指導
地方公共団体
許認可事務・監視指導
苦情・食中毒等の調査・処分
収去検査
食品衛生啓発等
検疫所
モニタリング検査
検査命令
輸入業者への措置
輸入食品の監視指導
事業者への直接的な許認可・監視指導は
主として地方公共団体等の保健所が実施
食品関係事業者

図10-3　厚生労働省

農林水産省
生産資材（農薬・飼料等）に係る法令整備
規格基準の策定
政策実施のための様々なルールの策定
地方農政局
農薬・肥料・飼料等の
使用の適正化
原産地表示等の監視指導
トレサビリティー事務
相互連携
地方公共団体
農薬適正使用のための
監視指導及び取り締まり
関係府省
食品安全委員会
消費者庁
厚生労働省　等
農畜水産事業者

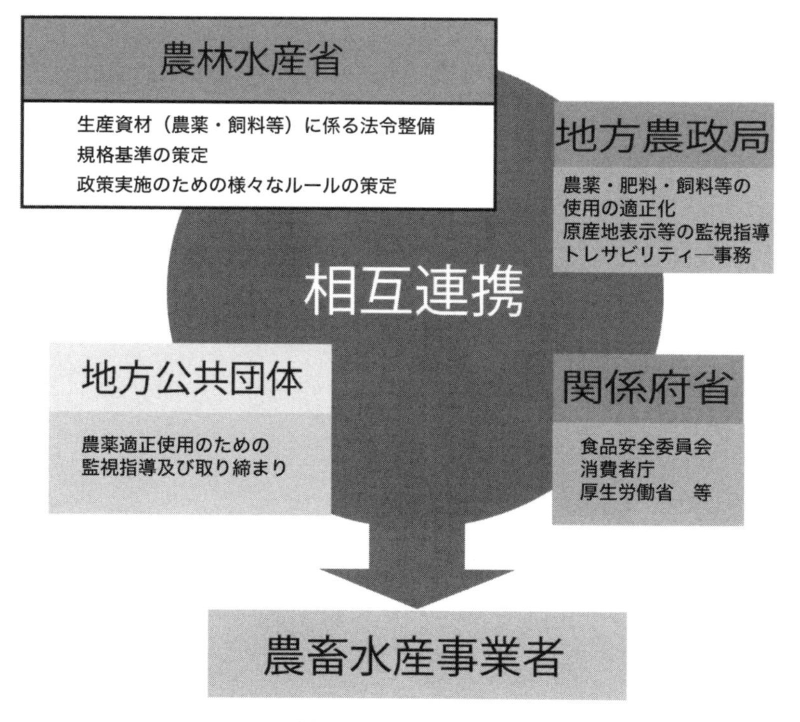

図10-4　農林水産省

Ⅰ-10.2.4　消費者庁

消費者庁では食品表示法に基づき食品の表示に関する基準を定めるとともに、その基準について消費者、食品関連事業者など関係者相互間における幅広い情報や意見の交換を実施し、合意形成を行うためにリスクコミュニケーションを実施している。また、これとは別にリスク評価機関、リスク管理機関が行うリスクコミュニケーションの総合調整を行い、食の安全を確保する仕組み全般に於いての合意形成に向けた調整を担っている。（**図 10-5** 参照）

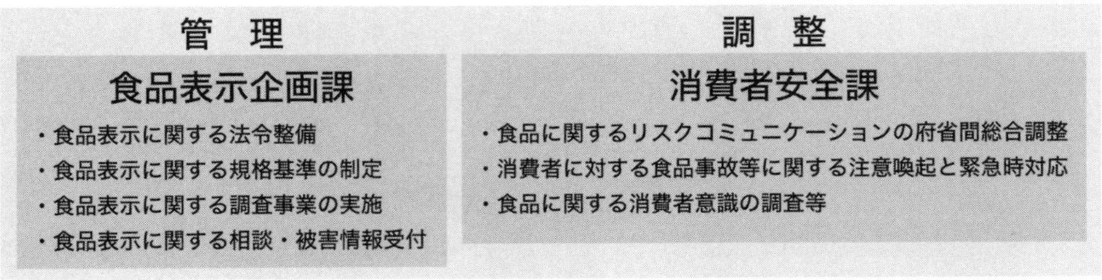

管　理	調　整
食品表示企画課	**消費者安全課**
・食品表示に関する法令整備	・食品に関するリスクコミュニケーションの府省間総合調整
・食品表示に関する規格基準の制定	・消費者に対する食品事故等に関する注意喚起と緊急時対応
・食品表示に関する調査事業の実施	・食品に関する消費者意識の調査等
・食品表示に関する相談・被害情報受付	

図 10-5　消費者庁

［Ⅱ］　コンプライアンス―食の安全を取り巻く法制度

Ⅱ-10.1　コンプライアンスの意味と意義

Ⅱ-10.1.1　コンプライアンスとは

コンプライアンスという言葉は今では広く使われており食品衛生管理の分野においても様々なマニュアル中などでその文言は使用されている。しかしながら、その意味を正しく説明できる者は意外と少なく、言葉だけが独り歩きしている。

コンプライアンスという言葉は多くの場合「法令遵守」と訳され、平たく言うと法律を守りましょうという意味と説明されがちである。これは説明しやすい言い回しではあるが厳密には微妙にニュアンスのずれがあり、正しくは「社会的ルールの遵守」と捉えるべきであり、法令はあくまでその社会的ルールの一つであるということを認識すべきである。

Ⅱ-10.1.2　食品製造現場でのコンプライアンス

コンプライアンスとは「社会的ルールの遵守」と説明したが、これを基に食品の製造現場におけるコンプライアンスを考えてみると、製品保証や製造管理のルールというものも含まれ、これらに係る管理仕様書を作成する際には、自己責任体制を構築できる内容であることが必須となるということである。

この自己責任体制とは、社会的な責任を果たしつつ、顧客の求めを満たすものである必要があることから、法令等の公的なルールを遵守したうえで、自社の製品の安全性の確保、品質の保証を進めていくものである。

このことから、単に衛生管理のテクニカルな部分に着目しただけの仕様ではなく、多くの顧客に求められる品質の要求事項を的確にとらえる必要があるとともに、社会背景等を敏感に捉え適宜反映・更新していく必要がある。そして、機能的に働くために組織の特定の者だけが理解するのではなく、全体の理解が進むよう教育が必須であることを忘れてはならない。

Ⅱ-10.1.3　コンプライアンス推進の意義

コンプライアンスを推進することの意義であるが、ここまで説明してきたとおり、社会的ルールを順守することは、そこで働く者の教育が進み、自らの仕事と責任を理解し主体性を持って法令への適合、製品の品質保証、安全性の確保がなされ、企業としてのリスクマネジメントが進み、社会的な信用が増すことである。

これは当然の結果として持続可能な経営につながり、関わる者全てに意義があるものである。

Ⅱ-10.2　コンプライアンスの基軸となる法令理解

Ⅱ-10.2.1　法令の基礎

コンプライアンスの社会的ルールの中の公的ルール、つまり法令はコンプライアンスを考えるうえで基本事項となるものである。

法令を読み解くためには法令の種類や意味を知ることが必須である。法令とは法律と命令からなる言葉であり、法令と一言でまとめられるものには、国が定める「法律」、「政令」、「省令」、そして地方公共団体が定める「条例」、「規則・細則」がありそれぞれが役割を担っている。

Ⅱ-10.2.2　国において定めるもの

(1)　法律

国会が制定する法規範であり、社会統制の基準となるもの。一般に「〇〇法」、「〇〇に関する法律」等と称されるものがこれに該当する。

(2)　政令

内閣において制定される「法律」を施行するための「命令」。一般に「〇〇法施行令」と言われるものがこれに該当する。

(3)　省令

各大臣が主任の行政事務に関し法律若しくは政令を実施するため、または法律若しくは政令の特別の委任に基づいて、それぞれの機関が制定する命令。一般に「〇〇法施行規則」と称されるものがこれに該当する。

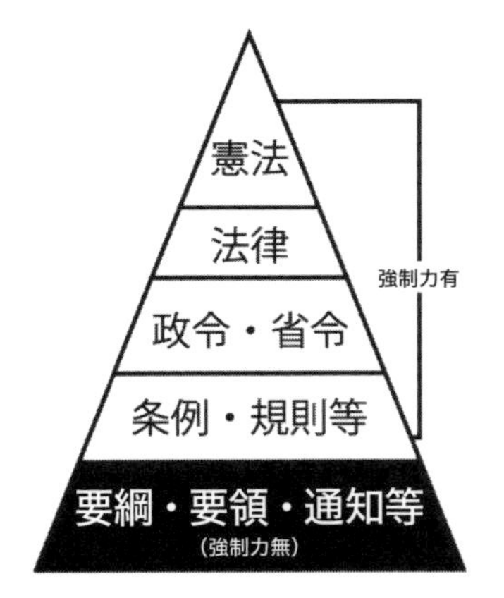

憲法：国家の基本法出会って最高法規。
(国民が制定)
法律：社会の様々な問題を解決するため概ねのルールを定めるもの。
(国会が制定)
政令：法律で定められた内容詳細を定めるもの。(内閣が制定)
省令：政令より、より詳細に運用を定めるもの。(大臣が制定)
条例：各地方公共団体の実情に応じて法律の範囲内で地方公共団体が定める

※要綱・要領・通知等は強制力がないものであるが法令の運用等の判断の基準を示している。

図 10-6 法体系のプラミッドと各々の意味

Ⅱ-10.2.3 地方公共団体において定めるもの

(1) 条例

地方公共団体の議会の議決により制定されるもの。法律の範囲内においてその法律を施行するうえで必要な事を地域の特性に応じ定められる。一般に「〇〇県〇〇法施行条例」と称されるものなどがこれに該当する。

(2) 規則・細則

地方公共団体の長が制定するもの。その権限に属する事務（条例等の施行）に関する規定を定めたもので、一般に「〇〇県〇〇法施行条例施行規則」と称されるものがこれに該当する。

Ⅱ-10.2.4 法令を運用するための通知・通達

法令には、その目的に沿って社会統制を果たすためのルールが定められているが、事細かに全てが網羅されているわけではなく、その運用にあたっては主務官庁がより細かく通知･通達により解釈を示している。多くは法令の制定、改正に合わせ発出され示されるが、運用にあたり疑義が生じた際に都度解釈を示すものもあり、法令を遵守するためには常に注意を払いこれらの通知・通達を網羅しておく必要がある。

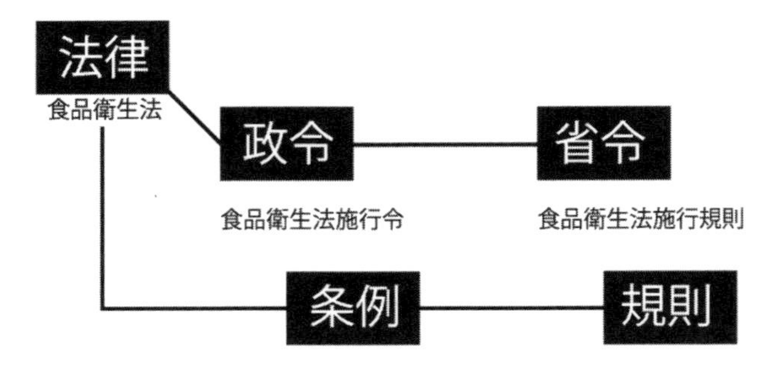

図 10-7 凡　例

Ⅱ-10.2.5　法令の影響の及ぶ範囲

法令の影響が及ぶ範囲は、国の定めるものについては日本国内全域、地方公共団体が定めるものについてはその地方公共団体が所管する地域内となる。このことを念頭に注意しなければならないことは、企業等において全国複数の地方公共団体にまたがり製造施設などを有する場合、注意を怠るとコンプライアンス違反が生じてしまうことがあるということである。

国の定める法律等は全国統一のルールとなるが、地方公共団体の定める条例等は法律の範囲内において地域の特性を鑑み、個別ルールを定めているものであることから、A県でよかったことがB県では認められない、ということが起こりえるという事を理解することが必要である。

Ⅱ-10.3　食品関係法令について

食品に関する法令としては、多くの者が一番先に頭に浮かぶのは食品衛生法であると考えるが、このほかにも食品の事業には様々な法律が制定されている。ここですべてを紹介することは困難であるが、代表的なものを紹介する。

Ⅱ-10.3.1　食品安全基本法

食品安全基本法は、それまで個々に定められていた食品の安全性を確保する法律を体系化すべく平成15年5月に制定された法律である。この法律では基本的認識として、「国民の健康の保護が最も重要」と定められ、食品の安全性の確保についての基本理念に基づき、それを行うための関係者の責務と役割が定められている。

【国及び地方公共団体の責務】

・国は食品の安全性の確保に関する施策を総合的に策定し実施する。

・地方公共団体は、食品の安全性の確保に関し、国との適切な役割分担を踏まえて、その地方公共団体の区域の自然的経済的社会的諸条件に応じた施策を策定し実施する。

【食品関連事業者の責務】

・事業活動において自らが食品の安全性の確保について第一義的責任を有していることを認識して、食品の安全性を確保するために必要な措置を食品供給行程の各段階において適切に講ずる。

・事業活動に係る食品その他の物に関する正確かつ適切な情報の提供に努める。

・事業活動に関し、国又は地方公共団体が実施する食品の安全性の確保に関する施策に協力する。

【消費者の役割】

・食品の安全性の確保に関する知識と理解を深め、食品の安全性の確保に関する施策について意見を表明し、食品の安全性の確保に積極的な役割を果たす。

Ⅱ-10.3.2　食品衛生法

食品に起因する危害を防止することを目的とする法律であり、食品の安全性を確保するうえで必要な規制や措置を定める法律である。

規制の対象としては医薬品・医薬部外品を除くすべての飲食物と、添加物、容器や包装、乳幼児用のおもちゃ等であり、不衛生な食品を販売・配布することを禁止する他、食品関係の許認可について定めるとともに、食品の成分規格や、製造、加工、使用、調理、販売などについての基準を定めている。

その他にも、新開発食品の販売規制や、病獣畜肉の販売禁止等、食の安全を確保するうえで必要な規制を行う法律である。

Ⅱ-10.3.3　食品表示法

この法律は消費者が食品を購入するとき、正しく食品の内容を理解し、適正に選択・使用するうえで重要な情報源となる食品表示について規定するもので、従前より食品衛生法で定められていた、「国民の健康の保護を図るために必要な食品に関する表示事項（衛生事項）」、JAS法（旧：農林物資の規格化および品質表示の適正化に関する法律）で定められていた「食品の品質に関する表示の適正化を図るために必要な食品に関する表示事項（品質事項）」および健康増進法定められていた、「国民の健康の増進を図るために必要な食品に関する表示事項（保健事項）」の3つの食品表示に関する規定を一元化し、事業者にも消費者にもわかりやすい制度にするため、平成27年4月から施行された法律である。

お　わ　り　に

食品事業体において品質管理部門は、その組織の社会的信用を得るために重要な役割を担う部署である。しかしながら、その業務は直接的に収益につながる内容ではないことから組織内において軽視される傾向も否めない。しかしながら、品質管理部門が的確に機能していない場合、企業のリスクマネジメントにおいて致命的なダメージに派生する部門であることを、そこで働く者が強く自覚することが重要である。

単にマニュアルに沿った検査等を行い、目先の技術的な手技等に終始するのではなく、如何にして食の安全を確保するための様々なルールが定められているかを理解するとともに、法令を正しく理解・解釈し、コンプライアンスを推進していくことの重要性を認識し、安全な食品を提供する、という社会的責務を全うすることが、本当の意味での品質管理であると強く自覚することを本書読者には期待する。

（柿谷 康仁）

■ 編者紹介

矢野俊博（やの　としひろ）

1969 年　京都大学農学部　文部技官
1978 年　立命館大学理工学部　卒業
1993 年　石川県農業短期大学　食品科学科　助教授
1996 年　同　教授
2005 年　石川県立大学　生物資源環境学部　食品科学科　教授
2014 年　金沢学院短期大学　食物栄養学科　教授
2016 年　金沢学院大学 人間健康学部　健康栄養学科　教授
2020 年　株式会社高澤品質管理研究所　食品安全戦略推進室　室長

北陸 HACCP システム研究会　会長，石川県食品安全安心懇話会　座長

著書：『食品の腐敗変敗防止対策ハンドブック』（サイエンスフォーラム，共著）
『食品への予防微生物学の適応』（サイエンスフォーラム，共著）
『医薬品における製造環境の設計，維持，管理とバリデーション』（技術情報協会，共著）
『HACCP 必須技術』（幸書房，共著）
『食品の無菌包装』（幸書房，共著）
『管理栄養士のための大量調理施設の衛生管理』（幸書房，共著）

実践 !! 食品工場の品質管理〈改訂〉

2008 年 7 月 10 日　初版第 1 刷発行
2021 年 7 月 15 日　改訂　初版第 1 刷発行

編　者　矢　野　俊　博
発行者　夏　野　雅　博
発行所　株式会社　幸　書　房

〒101-0051　東京都千代田区神田神保町 2-7
TEL03-3512-0165　FAX03-3512-0166
URL　http://www.saiwaishobo.co.jp

組　版　デジプロ
印　刷　平 文 社

ISBN978-4-7821-0457-6　C3058